做个不将就的女人

〔美〕卡耐基 / 著　　陶乐斯 / 编译

团结出版社

图书在版编目（ＣＩＰ）数据

做个不将就的女人／（美）卡耐基著；陶乐斯编译．—北京：团结出版社，2015．5
ISBN 978-7-5126-3522-7

Ⅰ.①做… Ⅱ.①卡… ②陶… Ⅲ.①女性—成功心理—通俗读物 Ⅳ.①B848.4-49

中国版本图书馆 CIP 数据核字 (2015) 第 068839 号

出　版：团结出版社
　　　　（北京市东城区东皇城根南街 84 号　邮编：100006）
电　话：(010) 65228880　65244790
网　址：www.tjpress.com
E-mail：65244790@163.com
经　销：全国新华书店
印　刷：三河市兴达印务有限公司

开　本：640×960　1/16
印　张：15.5
字　数：150 千字
版　次：2015 年 5 月　第 1 版
印　次：2015 年 5 月　第 1 次印刷

书　号：ISBN 978-7-5126-3522-7
定　价：32.80 元

不将就，做更好的自己

你有信仰就年轻，

疑惑就年老；

有自信就年轻，

畏惧就年老；

有希望就年轻，

绝望就年老；

岁月使你皮肤起皱，

但是失去了热忱，

就损伤了灵魂。

——戴尔·卡耐基

Do you have faith to young

and confused to old age;

have confidence on the young,

afraid to old age;

there is hope for young and old despair;

years to make you wrinkle the skin,

but lost the enthusiasm to damage the soul.

Dale Carnegie

你还年轻，何必将就？

决定我们成为什么人的，不是我们的能力，而是我们的选择。

这个世界并不完美，环境不完美，工作不完美，我们自己也不完美。不完美存在于每一个角落，所以，很多人一直觉得妥协一些、将就一些、容忍一些，就可以得到幸福。但到后来，她们却发现，自己的底线放得越低，得到的结果也就越低。

生活就是这样，一旦我们开始将就，习惯了将就，就不得不一直将就下去。将就这个词，说尽了世上太多的无奈。

但生命中最精彩的博弈，就是将就和不将就的选择。选择将就的人，渐渐发现，自己并没有得到期盼中的岁月静好，只是在彷徨纠结中，反复说服自己，反复推翻自己……现实的将就总是压抑了真实的感受，太多将就，结局不妙。

被称为二十世纪最伟大的励志大师的戴尔·卡耐基，出身平凡的农民家庭中，他既没有富二代的背景，也没有迷人的外貌和过人的才华。在从丑小鸭到黑天鹅的蜕变中，他靠的是自己的自信、勇气和一份绝不将就的劲头。

他也遭遇过没钱吃饭的窘迫，遭遇过失败的打击，遭遇过糟糕的婚姻，但和大部分人不一样的是，他理智地将挫折看成是命运对自己的挑战，就算恨过、输过、错过，也绝不将就。即使生活如此反复，也从没放弃做最好的自己。

卡耐基最终成为一名成功的商人和演讲家。更了不起的是，他将努力的方法，对人性的观察以及成功的经验和技巧，总结成书。这些文字畅销全球，帮助了一代又一代的年轻人走出人生的迷茫。

卡耐基用自己的经历告诉大家，取得成功的唯一途径，就是不将就——不必将就命运的安排，不必将就性格的弱点，不必将就糟糕的现实，谁都可以通过自己的努力，让人生过得更精彩。

人生路上，独孤求胜的，是你；独孤求败的，还是你。你还年轻，何必将就？你已经不年轻，还将就些什么？你将就着过日子，日子也只会回应你一份只能将就的生活。

不必将就一段半死不活的感情，不要因为寂寞就迷失自我。岁月那么漫长，遇上一个更好的人，来得及。

不必将就一份不好不坏的工作，把一辈子用来点一段朝九晚五的卯，是对自己的最大敷衍。不要因为将就一份薪水，就轻易放弃了对理想的坚持。

亲爱的朋友，世界从来不会将就一个被动的人，人生就那么几十年，并且很可能既没有上辈子，也没有下辈子，你怎么忍心，把这唯一的一段人生将就着对付掉？

Part4 痛苦的将就不如痛快的分手

Part5 不将就，才能赢得别人的尊重

PART 1

永远相信美好的事情即将发生

自信是从第一次成功开始的

> 用自信活出精彩，才能拥有无与伦比的魅力。

无论是想开始一段爱情、想拥有美好的未来，还是只想从事心爱的音乐——无论是什么，只要你对一件事拥有信心，你的人生就会惊喜不断。但有的女士常常为没有足够的自信而忧心忡忡，其实，你知道吗？那些看起来很自信的人，或许之前也自卑过，她们只是走过了那个拐角而已。要知道，从自卑中走向自信，才能得到真正的自信。

要想得到足够的自信，你需要做的就是：让自己变得更优秀。

参议员艾莫小的时候，常常陷入烦恼和自卑中不能自拔：和周围的同学相比，她太高太瘦，像根细长的竹竿，而且身体很弱，从来不能和孩子们一起参加各种活动，调皮的孩子们喜欢编各种故事来笑话她。艾莫性格也很内向，胆子很小，怯于和生人接触。凑巧的是，她家的位置很偏僻，周围是浓密的树林，经常一个星期都见不到一个陌生人，整天相处的只是父亲、母亲、哥哥和姐姐，无形中省去了与人交流的烦恼。

瘦弱的艾莫萎靡不振，做什么都提不起精神，成绩很差，勉强读到中学毕业，便不再想继续上学了。艾莫的母亲曾当过教师，她建议艾莫说："孩子，你还是应该去学校接受高等教育，在那里你可以学会怎样用头脑去谋生——即使身体瘦弱一些也不要紧的。"

艾莫也不想自暴自弃，然而父母没有能力供自己上大学，她决定依靠自己的努力去赚学费。

冬天来临了，艾莫跟随哥哥去野外打猎，去捕捉臭鼬、貂和浣熊；到了春天，又随着他们去集市上将兽皮卖掉，赚到了4美元，艾莫用这笔钱买了两只小猪崽。她精心饲养这两只小猪，将它们养得膘肥体壮，然后，在秋天将它们卖掉，赚了40美元。

带着这些钱，艾莫离开了家乡，考上了位于印第安纳州丹维尔市的一所教育学院。读书期间，她省吃俭用，每周只花费1元4角的伙食费和5角钱的住宿费，身上穿的则是母亲亲手缝制的一件棕色粗布衬衫。临行前，父亲送给了她一双旧鞋子，只是这双鞋艾莫穿起来不太合脚，一不小心就会掉鞋跟，这类窘迫使她觉得很难为情……敏感的自尊心，使她羞于和其他同学交往，常常一个人待在房里看书。当时她最大的愿望，就是能买得起商店里那些漂亮、合身的衣服和鞋子，让自己以青春健康的形象出现在同学们的面前。

但是，不久后发生了几件事，给了艾莫充分的勇气、希望和信心，帮助她克服了自己的那份忧虑和自卑感，并由此完全改变了她的生活。

第一件事是，进入教育学院8个周后，艾莫参加了一次考试，成绩还不错，让她意外地得到了一张"三等"证明，这让她有了在乡下的公立学校教书的机会。虽然这张证书只有6个月的时效，但这并不重要，重要的是，这给艾莫带来了自信——原来我可以用成绩证明自己——她第一次拥有了自信的感觉。

　　第二件事是，一所位于快乐谷的乡下学校聘请她去兼职，每天薪水2元，月薪60元。这件事仿佛是一场及时雨，既给了她信心，还给自己带来一份切实的收入。

　　第三件事是，在拿到了第一份薪水后，艾莫立即去商店购买了一些合体的新衣，穿上这些衣服后，她在别人面前不再有抬不起头来的感觉——多年之后，成功的参议员艾莫对我说，现在即使给她100万，也比不上穿上当初花了几块钱买的衣服那么令人兴奋。

　　第四件事是艾莫生命中一个真正的转折点——那是在印第安纳州班布里奇举办的一年一度的普特南县博览会上，在母亲的鼓励下，她报名参加了一项公开演讲赛。对她而言，这是个需要极大勇气的事情，在此之前，她甚至没勇气主动和别人说话呢，更何况面对一大群观众进行公开演讲！但母亲对她有足够的信心，认为艾莫是有潜力突破自己的。

　　母亲的信心促使艾莫毅然决然地参加了比赛，她选择的演讲题目是《美国的自由艺术》。坦率地说，那时候的她根本搞不清这个所谓"自由艺术"的词是什么意思，不过这不重要，因为她觉得听众们也不懂。

艾莫将那篇文辞绚烂的发言稿背得滚瓜烂熟，对着树木和奶牛声情并茂地讲演了不下一百遍——其实她的最大愿望不过是想在母亲面前好好表现一番罢了。没想到，她的演说很成功，由于情感充沛，十分动人，还赢得了听众的一片欢呼声。

在主持人宣布艾莫赢得了第一名的时候，她懵了。那些曾经讥笑她是"瘦竹竿"的同学们，现在纷纷前来祝贺她说："艾莫，我早知道你行！"而母亲搂着她，兴奋得掉下了喜悦的泪水。

不止如此，这场比赛的获胜是艾莫生命中的一个转折点。当地的报纸在头版对她进行报导，并预言这个年轻人前途无限，这使艾莫名声大噪，成为当地家喻户晓的人物。当然更重要的是，这件事改变了艾莫对生活的看法，还让她拥有了前所未有的自信——得奖的结果，既扩大了这个年轻人的视野，也发掘了她从没有意识到的自身的潜力。而演讲比赛的奖品——学校提供的一年奖学金，则解决了她生活上的大问题。

艾莫于是对自己的生活进行了具体的规划，大学四年中，她将自己的时间分为打工和学习两大部分。为了支付学校的费用，她做过餐馆服务员、修草坪工人和记账员，暑假的时候还到乡下打短工。

在艾莫19岁的时候，已经发表过28场演讲，甚至参加了美国总统的助选活动，呼吁人们给威廉·詹宁斯·布莱恩，一位支持农民利益的政治家投票。

助选时的新鲜和兴奋感，激发了艾莫对政治的兴趣。为此，她在大学里选修了法律和公开演说两门课程，还代表自己的学校参加了大学辩论赛。这场比赛在印第安纳州首府波利斯市举行，题目为《美国参议员是否应该由大众选出》，在这场演讲比赛中，她又一次获得了胜利，之后还顺利成为班刊和校刊的总编辑。

大学毕业后，艾莫接受了别人的建议，在俄克拉荷马州的罗顿市开设了一家法律事务所。50岁那年，艾莫终于实现了自己一生最大的愿望，从俄克拉荷马州参议院入选到了美国参议院，成为了一名大人物。

艾莫对我说过，说这些往事的目的，并不是炫耀自己的成就，只是希望能为一些正陷于烦恼和自卑中的可怜的年轻人灌输一些勇气和信心。想当初，艾莫穿着旧衣服和那双不合脚的大鞋子时，那种烦恼、羞怯和自卑几乎击垮了她——再后来，她却被选为美国参议院最佳着装人士——但是，如果没有在那次比赛中获胜，艾莫可能就不会拾起自信，无法积极地面对自己的人生，开拓自己的事业，恐怕也永远无法进入参议院。

可见，信心源于自身的实力，而实力源于自信的心态，有了积极的心态，才会容易成功。虽然大多数人对成功的定义只是创造和拥有财富，但无论如何，一个人一旦有了成功的愿望，并且能够不断地对自己进行心理暗示，从而用潜意识来激发出自信的话，就可以拥有一种非常积极的动力。事实上，正是这种动力促使人们释放出无穷的智慧和能量，从而帮助人们在各个方面取得成功。

用所有的热情，去拯救自己的人生

> 成功并不是那么难，秘诀就是真诚和热情。

女士们，如果你下定决心要做成什么事，或是要成为什么人，你终会成功的，不过前提是你必须用上全部的精神和精力。做你想做的任何事，并充满热情，你所希望的，便会以一种让你惊讶的方式表现出来。

例如，很多女士都会有在公司或其他公众场合当众发言的时候，但我们中间的大多数人却望之却步，结果失去了一次很好的表现自己的机会。其实，想要在公众场合取得成功并不是那么难，其中的秘诀，那就是真诚和热情。

有一次，在圣路易城举行的商会会议上，我和西蒙·罗杰斯先生一同被邀去当众发表讲演，按照事前安排好的次序，我先上台发了言。本来，如果能找到合适的借口，我打算讲完后就离开。因为西蒙只是一个木匠，我断定，他一定讲不出什么精彩的话来，听他讲话只能是浪费时间——苦于找不出离开的理由，我只好坐了下来，等着听他的"无聊"发言。

但结果却出乎我的意料——他的发言是我听过的演说中最精彩的。西蒙·罗杰斯半辈子都生活在西部的森林里，他从没有学过演讲的理论或辩论的技巧。他的发言非常朴实、简单，但却很有力量；他的语言缺乏敏捷，但却十分热诚；他的话有时会出现病句，或者犯了演讲的大忌。但实际上，评价一次发言成功与否的标准不是文法，而是内容。从这一点上来说，他的发言相当成功。

他所讲的，只是他这辈子做木匠和工头的真实经历，内容没有一点浮夸的地方。他的发言充满朴实的热情，让人觉得一股真切的活力扑面而来；他说的故事都是真实发生过的，因此好像磁铁一般把听众的注意力给吸引住了。西蒙·罗杰斯的发言，无意中应用了一个成功秘诀，这就是爱默生所说的："历史上任何伟大的成就，都可以称为热情的胜利。"

例如，我在一次钢琴演奏家帕德列夫斯基的音乐会上，欣赏到了他那优美的钢琴演奏。当时我旁边坐着一位年轻的女孩，她也会弹钢琴。但她听了帕德列夫斯基的演奏后，赞叹之余有些迷惑：因为帕德列夫斯基弹奏的一首曲子，正是她经常弹奏的。但是她演奏的时候，这首乐曲听起来是那么庸俗、平凡，毫不优美。而同样的曲子，在帕德列夫斯基手下弹奏出来却如行云流水，非常动人。

他们所用的乐谱以及钢琴并没什么差别，不同的是，弹奏除了工具之外，还需要演奏者的情绪，讲究艺术和个性。更重要的是，一个人弹奏一首曲子的时候如果没什么激情，只是按着曲谱机械地去弹，奏出来的乐曲，必定绵软无力，让人昏昏欲睡。

现在您知道了吧？做事有没有热情，是天才和庸才之间的分别。

有一次，俄国大画家波洛丹诺夫为学生修改作品，身旁的学生惊奇地说："老师，为什么你稍微改动那么一两笔，看起来便完全两样了？"波洛丹诺夫说："艺术就是从这些细微的地方表现出来的。"这个道理就像帕德列夫斯基演奏钢琴一样。

薇拉·凯瑟是一名女小说家——文学批评界甚至认为她是20世纪美国最杰出的小说家之一，她说过："热情是艺术家的秘密武器。这简直是个公开的秘密，这正像一个英雄不能拿假把式冒充真本领一样。"

既然这样，何不让我们用所有的热情，去拯救自己的人生呢？查格林先生是大名鼎鼎的广告家，当年的他只身去闯芝加哥的时候，身上只有区区50元。而现在，查格林先生每年仅是销售口香糖的进益就达到了30万元。他是怎么成功的？其实答案就在他办公室的墙上，一个镜框里面写着爱默生的这句话："不论做多大的事，没有热情是不会成功的。"

心理学教授詹姆斯曾这样说过："无论你学习什么，只要有了诚意和热情，失败的可能性就会很小；如果你还肯埋头去干，就一定会成功。那样的话，你想发财，就可以发财；你想有知识，就可以有知识；你想有名誉，就可以有名誉。可是，前提是你必须把全部精神和兴趣放到这件事情上去，一门心思把事情做好，如果一面想做这件事，一面又想干其他事，那样的话，就永远没有成功的希望了。"

即使你没有当众发言的天分，或者有一些说话的小毛病，只要在你发言的时候，加进自己的热情和活力，就可以让听众忽略你的一些小缺点。林肯演说时声音又高又尖，爱默生讲话结结巴巴，丘吉尔口齿不清，让·克雷蒂安嘴巴歪斜，但是他们都不失为优秀的演说家，他们的演讲让万千大众痴迷，这是因为他们用自己的热情克服了这些障碍。

苏珊·安东尼出生在马萨诸塞州亚当斯市的一个传统家庭中，她原本是一名羞于当众发言的普通女孩，十七岁的时候，她开始在一家私立学校从事教学。她偶然得知了自己的报酬只是男教师的四分之一——尽管她和他们做的是同样的工作的时候，她觉得自己被社会对女性的偏见深深羞辱了。她的心底被激发出一种激情，那就是对人格平等的追求。于是，在一次集会上，她发表了一次简短而惊世骇俗的演讲，之所以这么讲，是因为在那之前，甚至从来没有一个女人会在公共场合大声讲话呢！苏珊在讲话中呼吁社会正视女性的作用，保护女性的权益，还要求男女同工同酬……这次勇敢的讲话震撼了在场的观众，更震撼了整个美国，从那一天开始，现代社会的女性意识被唤醒了。

燃起苏珊·安东尼的演讲热情，让她从一个普通的教师转变为伟大的女权主义者的，是她心中要让女人获得与男人同样权利的伟大抱负，在这种热情的趋动下，苏珊平均每年发表75至100次演讲，为女性争取投票权，她还创办了鼓励男女平等的杂志，最终，她成为美国最重要的女权主义者之一。

一个将将就就过生活的女人之所以没有魅力，是因为她没有热情，缺乏内涵，遇事只求安稳，凑合就行。

而不肯将就的女人，往往富有活力，具有充满个性的魅力，能让人感受到发自内心的热情。她们坚持自我，拥有不同一般的思想和见解，所以，能给人带来耳目一新的感觉。

亲爱的朋友，你是想继续凑合还是想爆发魅力？

我们是否可以试着用所有的热情，去拯救自己平庸的人生？

热情，是世界上最大的财富，它的潜在价值远远超过金钱与权势。没有热情的人，注定要在平庸中度过一生；而有了热情，工作将不是迫不得已的苦差，遇到的困难也不会感到那么难以克服。有了热情，你便会用旺盛的精力、充分的耐心和良好的状态去迎接每一天，如此一来，你注定会创造人生的奇迹。

不快乐也要制造快乐

> 做一个快乐的女子，不快乐也要制造快乐。

让我们做一个快乐的女子，不快乐也要制造快乐。笑容不一定能使世界绽放，却可以放松紧绷的表情。开心，就笑，让大家都感受到；悲伤，就找个树洞倾诉，然后一切归零。让我们快乐地笑，然后轻舞飞扬。生活，其实没有什么大不了。

那么，究竟什么是快乐？怎样才能得到快乐呢？耶鲁大学教授威廉·利昂·菲尔普斯说：快乐的定义众说纷纭，其中最精彩的定义之一是老校长德怀特所说的："最快乐的人是有着最有趣的思想的人。"

如果最快乐的人是有着"最有趣的思想"的人，那头脑就比财富和健康更重要。有钱是好事，但并不是快乐的决定因素。如果是的话，那有钱人就应该都很快乐，但实际上，很多有钱人过得并不快乐，而很多穷人的日子倒是过得很开心。

当然也不可以轻视健康。人没生病就意识不到健康的重要。身体是奋斗的本钱，身体不健康的人，对社会有用的程度会大打折扣。但健康仍然不是快乐的终极答案，病人觉得他们身体好了之后会非常快乐，牙痛的人觉得世界上每一个牙不痛的人都很快乐，但事实明显并非如此。

爱尔兰剧作家圣约翰·厄文在战场上丢了一条腿，之后拿起笔写出了很棒的剧作。我问他，如果在现在与以前四肢健全但不会写作之间做选择，你会选哪一个？他毫不犹豫地说："这没有可比性——当一条腿的作家比当两条腿的"四不像"对他要有吸引力得多。"

如果最快乐的人是有着"最有趣的思想"的人，那快乐还应该随着年龄的增长而增长——大多数人可能不会认可这个说法。

在大众的观念中，青年是人生的黄金时代。我还是个学生时，有一位名人鼓励我们说："年轻人，好好珍惜大学这四年吧！这是你们今生最快乐的日子。"这个观点虽然给我们的印象很深，但和很多耸人听闻的观点一样，是错的。我和我的同学们已经大学毕业四十年了，其中绝大多数人的现在都比当大学生时更快乐。

如果坚信青年是人生的黄金时代，那就意味着，没有人比大学生和年轻的新娘更可悲的了，因为他们已经达到了人生的顶峰，摆在他们面前的是五十年的下坡路，或者说接下来就是越来越黑暗的日子。

"年少时是人生最快乐的日子"的说法，其实是基于对快乐的错误定义。那是因为当人的年纪渐长时，病多起来了，烦恼也多起来了，所以他们认为身体没病、心里不愁的青年时代是最快乐的。

还有人认为，孩子最快乐。因为他们无忧无虑，也不用担心生计，冷了有人给盖被子，饿了有人给饭吃，困了有人抱他上床……这不假，但有时候孩子并不困却也会被大人放到床上强迫睡觉啊！我个人宁愿过身体虽然有点病，但可以自己决定睡觉时间的日子。

孩子像寄生藤那样要依附别人，如果你更想当个一辈子只会吃喝睡觉，行动不能做主的寄生藤而不是一个独立的人，那你是会更喜欢当小孩而不是成年人。

孩子生理和心理上的主动权都操在成人手中，他们比孩子强壮，可以强迫孩子干任何事，而他们的智力对付起孩子来则更是绰绰有余。

威廉教授六岁的时候，有一次和小伙伴们玩一个新球。一不小心，球滚到了街上，被一个大孩子拿走了。威廉喊："把球还给我，那是我的球！"

大孩子说："现在不是你的了。"

威廉说："这球不是你的，是我的！"

"哼，从现在开始，它不再是你的了！"

大孩子说得没错，从那以后威廉再也没见过那个球。小小的威廉当时唯一能做的就是坐在地上号啕大哭，后来他回忆，那一刻自己十分渴望长大，有能夺回那个球的力气。

还有一次，大人送给威廉一个三分银币。那时三分钱还是挺值点钱的，他舍不得一次花掉这么多钱，就想把它破开慢慢花。他走进一家很大的商店，请一个店员给这个银币换成三个一分的小铜币。店员瞥了一眼这枚小钱，甩出一句："我们商店没有零钱。"

威廉只好出了商店，站在人行道上发愣。这时一个胖大的爱尔兰人走过来，看到了他满脸愁容的样子，就问威廉发生了什么事。

"先生，我有一个三分银币换不开。"威廉说。

"为什么你不到商店里换呢？"

"他们没有零钱。"

"你怎么知道？"

"商店里的人和我说的。"

"孩子，跟我来。"

威廉把自己的小手放在这位爱尔兰人巨大的手掌中，他俩一起进了商店。正巧又碰到了刚才那位告诉威廉没有零钱的店员，爱尔兰人用严厉的口气说："这个孩子想把他的三分钱换开！"没想到，那位店员客气地说："先生，没问题。"说罢他打开抽屉，给威廉换了三枚铜钱——这让威廉惊诧极了！

威廉教授后来总结道，如果一个人没有影响力，就换不来零钱，在换钱这件事上起决定作用的，是当事人有没有本领施加影响力。他这样对我说：长大后既有钱，也有影响力，我可不想重新当回孩子了！

如果最快乐的人是有"最有趣的思想"的人，那人们的快乐会与日俱增，因为随着年龄的增长，我们会有越来越多有趣的思想。人生就像爬一座高楼，爬到一半时看到的风景要比在底层时好，上得越高，视野越宽，风景也就越美。还有，心灵的滋养，对女人比对男人更加重要，因为女人独处的时间更多，思想更细腻。

女士们，我无意低估年轻、悠闲和无忧无虑的好处，但如果这就等于快乐，那世上最快乐的，既不是一个男人，也不是一个女人，而是一头母牛。看看母牛一天的生活，我们就会发现，这与一般人眼中的理想生活已经相差不远了。

母牛早上醒来，尾巴一翘，厕所问题就解决了。而此时农夫已经为它准备好新鲜而美味的早饭了。比起人类来，母牛的早晨真是无比省心：女人一天平均得要花上四十五分钟来穿衣、化妆；而母牛不用刷牙，不用剪发，不必花费心思去买高档时装和奢侈品，也不必到哪里都得拎个不轻的包，里面装满化妆用品和零零碎碎的小玩意儿；母牛既不用亲自下厨，也不必因为做饭买菜而操心。鲜嫩的草是它的绿色食品，上面的露水是它的健康饮料。慢悠悠地花上一个小时进餐后，它会以一种文艺的姿态深深凝视远方，考虑那边的草地是否长得更旺更绿，是否值得劳驾走一趟——它可以边进行阳光浴，边悠闲地花上三个小时来决定这件事。

中午，母牛到小溪边散步，顺便到清澈的溪水里沐浴一番。然后它优雅地走到树阴里坐下开始反刍。它的上颚静止，而下颚则有节奏地转动，表情安详优美。母牛反刍时的表情与女孩嚼口香糖像极了，安静又轻松。

母牛的眼睛含情脉脉，大而有神，它绝不会因为爱情烦恼，不会因为工作不安，更不会在晚上辗转反侧，牵挂情人或者孩子是不是在远方的大城市过得不好。我见过很多的牛，它们平静安详，从不流露出警惕或惊慌的表情，也不会对人生感到厌倦——它们已经成功地超脱了叔本华的"人只能在无聊和痛苦之间摆动"的著名论断。

母牛的一天已经展现出大众所期望的理想生活：富足、舒服、悠闲、没有忧愁，可是大概没有人会愿意做一头母牛。这只能说明一件事：尽管人生有悲伤、有困惑、要操很多心，但还是比牛的生活更有趣。

多一分有趣，就多一分快乐，而最快乐的事情莫过于做一名有着最有趣的思想的人。一个人如果像运动员准备比赛那样来为快乐做好准备，勤于锻炼，避免受伤，那结果自然会更好。

念念不忘，必有回响

> 念念不忘，必有回响。有一口气，点一盏灯。

　　这个世界上，有成千上万的人徘徊在梦想的大门前，尽管他们很想去努力，但是苦于找不到方法或出路。他们没有勇气，也没有认真思考如何进入通向梦想的大门，渐渐地，由于心情沮丧，很多人变得麻木，乃至失去了前进的动力。

　　失去了对梦想的渴望，以沮丧的心情埋怨自己的现状，只会阻碍我们走向成功。其实，只要我们能够潜心努力，成功的大门总会向你敞开。

　　很多人之所以在实现梦想的路上摇摆，主要是有"自己只能做一种工作"的错误观念。在我看来，每个正常的人都可以在多项事业上获得成功，当然也可能在多项事业上遭到失败，以我自己为例，如果我能潜心努力去从事下述各项职业，我相信自己成功的机会一定很多，在努力的过程中，我一定会感到很愉快。

　　我想从事的行业包括：农艺、医药、销售、广告、编辑、教育、林业等，另一方面，我对以下工作毫无兴趣，我知道做起来一定会失败：出纳、会计、建筑工程、酒店、工业、机械等。

亲爱的朋友，你是否下定决心终身从事自己现在的工作？如果你感觉很勉强的话，你不妨试一试自己觉得适合的工作——不去试一试，你永远也不会知道自己到底适不适合。

演说家查尔斯·霍布斯讲过这样一个故事：

伦敦住着一位女工，其工作是在厨房里给人打下手，生活过得很艰难。一次偶然的机会，她去听了查尔斯的演讲，查尔斯拥有传奇般的经历，他去过赤道，也冒险挑战过雪山，他出版过书籍，还拍过纪录片，甚至做过纪录片的制片人。女工被查尔斯的演讲和经历深深地感染了，演讲结束之后，她没有立即离开，而是鼓起勇气去后台拜访了这位大名鼎鼎的演说家。

"我要能像您这样有这么多机会，那该有多好啊！"她对查尔斯的人生表示出极大的羡慕。

查尔斯问道："亲爱的女士，难道您从没得到过任何发展机会吗？"

"是的，先生，我平时虽然喜欢看点书，但是生活的圈子很封闭，从没得到过值得一提的发展机会。"女工很沮丧地回答。

"请问您是做什么工作的？"查尔斯问道。

"先生，我在亲戚开的寄宿公寓里帮工，主要是在厨房里剥剥洋葱，削削马铃薯什么的……"

"您做这份工作有多长时间了？"查尔斯追问。

"都已经干了15年了，漫长的15年！"

"唔，您工作的时候会坐在哪里呢？"

"我通常坐在台阶上，先生。"

"那么，您把脚放在哪里呢？"

"就放在地板上啊……可是我不明白您为什么要问这些……"女工疑惑地望着查尔斯说。

"那地板用的是什么样的材质？石面？砖面？还是木板？"可查尔斯并没有停止询问。

"地板是用釉面砖铺成的。"

查尔斯说："好的，女士，回头您是否可以给我写封信，谈一谈您对釉面砖的深入理解呢？"

帮厨女工根本搞不清查尔斯是否在戏弄自己，便拒绝说自己根本就不懂得如何写信。但查尔斯坚持要她写好这封信并寄给自己。

第二天，当女工坐在厨房的台阶上干活的时候，目光不禁注意到了脚下的釉面砖地板……她先是专门跑到砖厂向工人请教釉面砖是如何制造出来的。她觉得工人的解释过于简单，于是又去了图书馆查阅与釉面砖有关的资料。结果她了解到，当时英国一共能生产出几十种类似的釉面砖，图案则达到了惊人的上千种；她还继续了解到烧制釉面砖用的不同种类的黏土会形成什么相应的效果，不同的黏土层是怎样形成的……每天晚上，她都会去图书馆查阅资料，她已经被这项研究深深吸引住了，她的头脑里整天都想着关于这项研究的下一步该怎么做。

几个月之后，女工开始给查尔斯写信。在这封厚厚的信中，她详细地介绍了釉面砖的种类和烧制原料，以及怎样选择合适的釉面砖等。不久之后，她就收到了查尔斯热情洋溢的回信。信中不止是称赞了她的研究，还竟然附上了一份报酬！原来，查尔斯将她的文章成功地发表在杂志上。接下来，查尔斯又建议她，不妨写一下釉面砖下面的东西。

受到鼓舞的女工，已经不像上次那样怀疑查尔斯的建议，她直接去厨房撬起一块松掉的釉面砖，一只受惊的蚂蚁立刻从砖面下跑了出来。

从那天开始，女工转而研究起这小小的蚂蚁来。她用极大的热情来做这项研究，有空就去图书馆查阅蚂蚁的相关资料。她了解到，这毫不起眼的蚂蚁，竟然有几千种之多。蚂蚁看起来很弱小，但是地球上所有蚂蚁的重量加起来，相当于全球总人口的体重总和……

几个月后，女工把对蚂蚁的研究结果，写成了一封厚厚的信寄给了查尔斯。这封信发表后，这位女工辞去了那份帮厨的活儿，开始了自己的专业写作生涯。

这位曾经感叹人生漫长，从没得到过任何发展机会的女人，竟然借着最稀松平常的地砖和蚂蚁，迈出了精彩的一步。

决定人生走向的，不是恶劣的环境，也不是聪明的头脑，而是我们的信念。念念不忘，必有回响。有一口气，点一盏灯。只要不忘信念，信念就会指引我们拨开迷雾，重见光明。

　　女士们，无论你处的环境多么恶劣，经历了多么大的挫折，如果你失去了自己的信念，不再进取和努力，那将注定一世颓唐。与之相反，就像那位女工，只要心里还拥有希望，能拿出全部的热情去做一件事情，冥冥之中就会有某种力量帮助你走出困境。很多时候，很多女士的智慧和才干并非不如别人，仅仅是缺少方法，缺少希望所带给我们的精神动力而已。

用自己的方式改变这个世界

一滴蜂蜜比一加仑胆汁能吸引更多的苍蝇。

俄国音乐家谢尔盖·瓦西里耶维奇·拉赫玛尼诺夫以第一名的成绩从莫斯科音乐学院毕业后，二十五岁时就已经名扬欧洲。对此他十分自负，但是他创作的首部交响曲《第一交响曲》很不成功，受到了音乐评论界众口一词的批评。这个打击使他郁郁寡欢，很长一段时间都没办法振作起来，朋友们只好带他去看心理医生。

针对拉赫玛尼诺夫的病情，心理医生尼古拉·达尔开出的药方就是鼓励："你很有才华，你的身上蕴藏着伟大的东西，等待你去发掘……我相信你一定会创造出伟大的作品……你一定会成功的！"每次来治疗，达尔医生都要让拉赫玛尼诺夫坐在黑洞洞的房间里，而自己则在这个失去自信的年轻音乐家耳边不断重复这些话，不断强化这些观点，渐渐地，这些想法在拉赫玛尼诺夫心里生了根，帮助他重新恢复了自信。

治疗期还没有结束，他便创作出那首著名的《C小调第二钢琴协奏曲》，并且特意将这首曲子献给达尔医生。

这首曲子第一次在舞台上演奏的时候，听众沸腾了，这标志着拉赫玛尼诺夫走出了事业的低谷，他再次成功了。

由此可见，鼓励对于人们的重要性不亚于燃料对于发动机的重要性。鼓励就是人们的发动机，会给他们的精神补充动力，从而扭转失败的局面。

有时候，运气会打击每个人的锐气，严重的打击甚至会让人直不起腰来。这时，如果有人对你说："亲爱的，别灰心，这种事情算不了什么……我相信你一定会成功的！"情况就会完全不一样了。

有一句历久弥新的格言："一滴蜂蜜比一加仑胆汁能吸引更多的苍蝇。"人类也是如此。如果希望别人赞同你，欣赏你，首先你要付出自己的真诚，而你一旦获得了别人的信任，便会发现，你说的大部分话都会得到对方的赞赏。相反，你如果专横地打断他的语言，批评他的行动，嘲笑他的做法，他便会从内心里排斥你，还会关闭自己的心灵，即使你的话磅礴有力，比钢铁还要坚硬，比导弹还要准确，也如同想用麦秆来刺穿钢板一样，根本落不到对方的耳朵里。

生活中，我们渴望被人欣赏，被人鼓励，但往往做不到欣赏别人，鼓励别人。更多时候，我们"善于"发现别人的缺点，乐于放大自己的优点，甚至喜欢在别人的不幸中寻找到自己的优越感。实际上，人类似乎本能地在情感上排斥与自己的意愿相违背的建议，而蔑视或自负的情绪，则普遍存在于自我意识中。

你觉得自己比日本人要优秀吗？很多人可能会给出肯定的回答。

事实是，日本人认为他们比你优秀多了。直到现在，有些保守的日本人，见到白种人和日本女人一起跳舞，就会觉得羞耻，乃至怒气冲冲。

你觉得自己比印度人要优秀吗？

假如你说"是"，我尊重你言论的权利，但是印度人却觉得自己不知要比你优秀多少倍呢！他们甚至可能不屑于和你坐在一起，不屑于和你说话。

你觉得自己比爱斯基摩人要优秀吗？

假如你说"是"，这仍然是你的权利。但是你知道爱斯基摩人对你怎么看吗？爱斯基摩人叫那些游手好闲的"二流子"是"白人"——那是表示极度轻蔑的意思。

每个国家的人都自以为比别的国家的人要优秀，一方面你可以理解为这是爱国主义，另一方面这种心态却也造成了不少战争。

事实上，你遇到的几乎每一个人，都会认为自己在某方面比你优秀。想要改变他的这种看法，你就得巧妙地让他明白：你认为他很优秀，而且这种感觉是发自内心的。

不要因为将就自己心中毫无理由的优越感，而对这个世界或者某个人产生刻板的看法。你可以用自己的方式增加这个世界的快乐，方法很简单，只要对寂寞失意的人说几句欣赏或鼓励的话就可以了。或许，你很快就忘记了你的鼓励或赞赏，但是听话者却可能一生都珍惜着这些暖人的话语。

一个名叫沃尔特·司各特的小孩，两岁的时候因为得了小儿麻痹症，导致右腿落下残疾，他因此很自卑，加上在学校的成绩很差，于是性格更加孤僻叛逆，渐渐成了老师和同学眼中的"怪胎"。这样的"差"学生在学校里一般不会受到老师的重视和关心，但幸运的是，有一位老师留意到了他，这位老师发现，这个小孩成绩差的原因主要是厌恶功课和考试，但他喜欢读书。于是，老师鼓励了司各特，告诉他不要灰心，多读书，也可以汲取有益的知识。受到鼓励的司各特，开始反省自己，之后，他以惊人的意志克服了身心上的残疾。

几十年后，已经成为文坛大师的司各特回到母校参观，受到了极其热烈的欢迎，大家都为自己学校诞生了这样一位伟大的文学家而自豪。

司各特问校长："谁是现在学校里成绩最差的孩子？"一会儿，一名惶恐的孩子被领了过来。司各特就像当年鼓励他的那位老师一样，对那个孩子说："我知道你是个好孩子，当年我和你一样，成绩也很差，但希望你不要对自己灰心。"说完还给了孩子一枚金币。

司各特因为老师的一个鼓励，自己的人生从此改变，现在，他盼望他的一句鼓励也能改变别人的人生。

女士们，让我们试着去想想别人的优点，然后发出真诚的鼓励和慷慨的赞美吧！生活需要鼓励，生命也需要鼓励。鼓励可以很简单，比如可以化成一个温馨的微笑，或者一个肯定的眼神，一次点头认同，一个赞扬的手势。

鼓励会让别人重拾信心，重新看到希望。也许你的改变，源于某一次别人对你的鼓励；也许你的一次不经意的鼓励，会成为别人前进的动力，或者改变的转折点。受到鼓励的人，也许一辈子都忘不了当初你的那句话。或许你自己都忘了的一句话，还在激发一个人努力前进呢！

女士们，鼓励就是你改变这个世界的方式，在你的鼓励之下，这个世界会变得更快乐，所以，请不要吝惜你的鼓励！

人生的精彩可以从每一天的细节里发现

> 有些时候，成功就蕴藏在细节里。

林肯说过："魔鬼隐藏在细节中，永远不要忽视细节。"这话不假，周到和精致的细节，能够使女人显得更加有魅力。同样，浮躁和粗糙的细节能够毁掉一个女人的优雅，会在瞬间将别人对你的好感"秒杀"掉，而且还很难再修复。生活中的点点滴滴虽显得有些微不足道，但点滴的细节往往是最打动人的。小细节不仅仅可以带来小感动，某种程度上，还能决定成败，有些时候，成功就蕴藏在细节里。

纽约州的罗克兰曾经发生过一件悲惨的事。村子里有个小孩刚去世，乡亲们都准备去送殡。砖瓦厂的厂长老法利也是送殡行列中的一个人，他去马棚里拉出一匹马准备出发。那时正值寒冬，刚下了一场雪，地上积了厚厚一层。那匹马关在马棚里已经有很多天了，今天被牵出来，特别兴奋，打旋转圈，连蹦带踢。一不小心，老法利被重重踢出的马腿踢中了要害，不久就去世了，他没给妻子和三个孩子留下什么遗产，仅仅是几百元的保险金和无穷的悲伤。

那年，他的大儿子詹姆斯·法利才十岁，为了养家糊口，詹姆斯不得不去一家砖厂当童工。他的工作是把沙土倒入模具里，压成砖瓦坯子，再拿到太阳下晒干。

虽然詹姆斯没受过多少教育，但是性格达观，人缘不错，人们都愿意和他交朋友。后来，他去做了推销员，又慢慢步入政坛，在复杂的政治圈里摸爬滚打，最终当选过民主党全国委员会主席，做过罗斯福总统的竞选经纪人，还担任过美国邮政部长。

有一次，我去拜访詹姆斯·法利先生，请教他成功的秘诀。詹姆斯简短地告诉我："苦干！"我当然不会满足于这个简单的回答，我摇摇头说："詹姆斯先生，别开玩笑了，秘诀根本不是这个。"

他反问我："那你觉得我成功的原因是什么呢？"

"詹姆斯先生，我觉得你成功的原因是：你能叫出一万个人的名字来。"我说。

"不，你搞错了！"詹姆斯纠正我说，"我大约可以叫得出五万个人的名字呢！"

亲爱的女士，别觉得我们在开玩笑，也别小看这一点，詹姆斯正因为有这种本领，才帮助罗斯福成功竞选上了总统。

——当年詹姆斯在一家公司做推销员的时候，他还兼任着罗克兰的村长，从那时起他就养成了一种记忆别人姓名的习惯，还总结出一套相关的记忆方法。

詹姆斯的这套方法并不困难。那就是，他每逢遇到一个新朋友时，就问清楚对方的姓名，家里的人口有多少，那个人的职业是什么，以及政治上的倾向。他问清楚这些后，就牢牢记在心里。下次遇到这个人的时候——即使已经隔了一年多的时间，还能拍拍那人的肩膀，问候他家里的妻子儿女，甚至还可以谈谈那人家里后院的花草长势如何。

罗斯福竞选总统前的几个月里，詹姆斯一天要写几百封信，分发给美国西部、西北部各州的熟人、朋友。然后，他搭乘火车，以及其他交通工具，像马车、汽车、轮船等，在十九天的旅途中，走遍二十个州，经过一万九千千米的漫长行程。詹姆斯每到一个城镇，都去找熟人吃早餐、午餐、茶点或是晚餐，进行特别诚恳的谈话，接着再赶到下一个目的地。

当他回到东部时，立即给在各城镇的朋友每人再写一封信，请他们把谈话中提到的朋友名单寄来给他。那些不计其数的名单上的人，都会得到詹姆斯亲密而极有礼貌的回信。

有一次，在费城举办的一次读书会上，当詹姆斯先生和其他演讲者一起去餐厅吃午饭的时候，在走廊遇到了推着餐车的女服务员。其他人绕过餐车继续向前走——当然，这位女服务员也并没关注他们——只有詹姆斯迎向她，并且伸出手说："小姐，你好，我是詹姆斯·法利，很高兴认识你。能告诉我你的名字吗？"

那位普通的女孩惊讶得嘴巴都张大了，谁不知道詹姆斯是大名鼎鼎的竞选专家啊？没想到，他竟然主动和自己打招呼！随即，女孩的脸上绽开了甜美的微笑，并且把自己的姓名告诉了詹姆斯。

由于他人缘好，记忆力强，善于营造舒适、自然、轻松的气氛，所以拥有良好而广泛的人际关系，终于用自己的方式为罗斯福的竞选成功立下了汗马功劳。

为什么詹姆斯那么注意记住别人的姓名？原来，他早就发现，每个人对自己的姓名都很敏感，比对世界上所有的姓名加在一起的分量还要注重和关心。如果记住一个人的姓名，能很亲密自然地叫出来，便是对他微妙的恭维和赞赏了。反过来讲，你忘记了对方的姓名，或是叫错了人家的名字，不但会使对方难堪，对你自己的形象也是一种很大的损害。

而詹姆斯成功的秘密就蕴藏在这小小的细节中，他仅仅抓住了这一点，就为自己赢得了良好的印象。

被称为"钢铁大王"的安德鲁·卡耐基是怎么成功的？也和我们刚才聊的这一点有关。当他十岁时，就发现了人们非常重视自己姓名的这个情况，于是，他就动起了脑筋。

这个来自苏格兰的男孩当时养了一只母兔，这只母兔生了一窝小兔，可是，他却没有东西可以喂小兔子。他机智地对小伙伴们说，每天谁去给小兔子找点吃的，就用谁的名字给这只小兔起名——就这样，他用出卖冠名权的方式，毫不费力地养活了一大窝兔子。

多年后，他在经营中也用了同样的方法。有一次，他想卖一批钢轨给宾夕法尼亚州铁路局，这家铁路局的局长叫汤姆逊。好家伙，你猜怎么着？安德鲁就把正在匹兹堡建造的那家大钢铁厂，直接命名为汤姆逊钢铁厂——你觉得宾夕法尼亚州铁路局采购钢轨时，汤姆逊局长会买哪一家的货？

当安德鲁·卡耐基和乔治·普尔曼的争夺铁路卧车的经营权时，他又想起了兔子的经验。

当时，安德鲁·卡耐基的中央运输公司和乔治·普尔曼的普尔曼公司争夺太平洋铁路卧车的经营权，双方互相压价，几乎快到了两败俱伤的地步。安德鲁和普尔曼还都去了纽约，各自去争取太平洋铁路局董事会的支持。

一天晚上，安德鲁在圣尼古拉饭店遇到了普尔曼，他打招呼说："晚上好，普尔曼先生，你说咱俩是不是在自讨苦吃？"

普尔曼问："你什么意思？"

于是安德鲁以简洁有力的语言，说出希望将双方的业务合并起来共谋利益的想法。

普尔曼听得很认真，却没有明确表态，他问："卡耐基先生，假如成立新公司，你准备给公司取个什么名字？"安德鲁毫不犹豫地说："当然叫普尔曼豪华客车公司了！"

普尔曼那张紧绷绷的脸上顿时容光焕发，他热情地说："卡耐基先生，请到我房里详细谈！"事后证明，那次的谈话创造了实业界的奇迹。

安德鲁·卡耐基因为能够巧妙地处理细节，加上卓越的组织能力和领导才能，所以成为了20世纪顶尖的商界领袖和传奇人物。

运用好姓名这样一个小小的细节，竟然可以玩转政界、商界和交际圈，可以成就事业。可以说，**小事成就大事，细节缔造完美。** 也可以说，感性的细节掌控理性的大局。如果你不注重细节，只允许自己在完成一个巨大目标或走大运的时候收获欣喜，那么你的人生将过成不必要的艰难。

　　人生的精彩可以从每一天的细节里发现，讲究的女人，怎能不注意细节？

PART 2

不将就的女人，都是狠角色

你不抛弃自己，没有人能抛弃你

> 你的生活永远都不会晚。

真正强大的人，一定是经历过苦难并克服这些苦难的人。只要你不抛弃你的梦想，你的梦想永远不会抛弃你。

加利福尼亚有个穷困潦倒的年轻人，没什么本事，连自己的生活都难以维持。他唯一的爱好是唱歌，为了养活自己，星期天，他去教会唱诗班卖唱；有时候也会在婚礼上唱歌赚五块钱。

这样的唱歌能赚多少钱呢？他的生活贫困极了，没有能力住在城里，所以他在郊区一座葡萄园里租了一间破房子，虽然每月租金只用十二元五角，已经便宜得不能再便宜了，但就这样他还负担不起，以至于拖欠了人家十个月的租金。

没办法，他只好替房东摘葡萄来偿还租金——这也不完全是坏事。他后来告诉我，其实在那段时间里，他穷得买不起东西吃，就靠吃葡萄来维持生命。

他之所以没放弃唱歌，只是因为朋友对他的称赞："你的嗓音很不错，去纽约深造一下或许能在歌唱事业上取得成功。"

于是，他一咬牙一跺脚，向朋友借了二千五百元去纽约深入学习唱歌的技巧。再后来，他成为一位有名的歌唱家。

就像美国最负声誉的心理学家兼哲学家威廉·詹姆斯说的那样："若与我们应当成就的事业相比，我们不过是半醒着——人们通常只用了自己的一小部分潜能。也可以这样说，每一个人的生活水平，远远达不到他能力的极限；他有各种力量，可却总是懒得去用。"

就如这句话所说的，我们具有各种潜在的能力，可是却不会利用。很多人要做的，就是发现这股蕴藏的神奇效力，无论生活有多糟，都不能阻挡自己的成长。

莉丝·默里，这个拥有世界上最阳光的笑容的女孩，生长在贫民窟，父母都是染上艾滋病的瘾君子。生活如此艰难，她却没有因此抛弃自己，而是选择了一条最艰难的路，在忍饥挨饿的日子里，莉丝靠着自己的努力，毕业于久负盛名的常春藤联盟学校，最终成为大名鼎鼎的演说家。

这个女孩之所以跳出贫困的沼泽，只是因为没有放弃人生的希望，用自己微薄的力量向命运挑战罢了，最后，她却获得了生活加倍的赠予。

莉丝的童年过得不堪回首，她的父母都染上了毒瘾，根本没有照顾孩子的意识，虽然他们总是领着政府福利金，但却把钱都用在购买毒品上。莉丝从8岁开始就和姐姐沿街乞讨，去拾垃圾，最饿的时候，曾经把一条牙膏分成两半，当做姐妹俩的晚餐。

她的父母其实智商都很高，只是沉溺于毒品带来的快感中无法自拔。她的妈妈总将一句"日子会变好的"的口头禅挂在嘴边，然后继续变卖家里的东西，甚至卖掉领来的食物去买毒品。

莉丝其实也上过学，但是由于浑身是虱子和异味而被同学歧视，不得已退了学。好在她是个自我教育型的孩子，虽然退了学，她那差点成为纽约大学心理学博士的父亲倒常带她去图书馆借书看，甚至"鼓励"她去书店去偷书，"帮助"她完成自我教育。那时，莉丝对生活没什么要求，只求长大后找份工作，能吃饱饭就行。

15岁那年，妈妈得艾滋病去世了，不久，父亲也去了收容所。那一年，莉丝的世界瞬间崩塌，她开始反思自己的生活：未来该怎么办？过爸爸妈妈那样的生活？不！莉丝不愿重蹈覆辙，这种吃了上顿没下顿的日子她已经过够了。她下决心要改变自己的命运，走出这种注定堕落的现状，把未来抓到自己的手里，而不是像母亲那样放弃对人生目标的追求。既然生活可以很糟糕，那也可以变得更好，不是吗？

那怎么才能实现自己改变命运的想法呢？思来想去，年轻的莉丝觉得，倒是有一条道路，那就是回到学校，接受学校更系统的教育。

打定主意后，从没正儿八经上过学的莉丝，穿着脏兮兮的衣服，一家家学校去申请入学。面对学校的负责人质疑的眼光，莉丝向学校发誓：请相信我，每一门功课我都会拿到A的！校方问她：孩子，你为什么要下这样的承诺？莉丝回答：我想用十二分的努力改变我的人生。

在好心人的帮助下，莉丝终于幸运地回到高中读书。当时，学校的每一个人都不知道她是一个无家可归的孩子，谁都不知道，这个女孩每天都要发愁自己晚上睡哪儿。实际上，她有时睡在24小时运行的地铁里，有时则睡在公园的长椅上。晚上，她只能坐在马路边楼梯的角落里，借着路灯的光亮做作业。

每天，莉丝要坐一个小时的地铁赶去学校，业余时间还要去打工养活自己。日子看起来很困顿，但她却在这种积极的生活中找到了人生的方向。两年后，莉丝完成了高中四年的课程，而且，每门学科的成绩果真都在A以上。

高中毕业前，一次偶然的机会，莉丝的老师带着包括她在内的10名自己最喜欢的学生到哈佛大学的校园参观。站在哈佛大学的校园前，莉丝被震撼到了，一句话也说不出来。她反复问自己："这所学校里的学生和我有什么区别吗？为什么他们能够在这里学习？一个人的出身很重要吗？究竟是什么造就了不同的人生？"

反复思量之后，莉丝决定申请哈佛大学，并得到一份奖学金来供自己读书。功夫不负有心人，她以全校第一的成绩获得了《纽约时报》一万两千美元的奖学金，并顺利被哈佛大学录取。

莉丝的故事很快被众人所知，闻讯而来的记者问她："小姑娘，你过着流浪的生活的时候，有没有觉得自己很可怜啊？"莉丝回答："我为什么要觉得自己可怜？这就是我的生活。我甚至要感谢它，它让我在任何情况下都必须往前走。生活已经很糟了，我倒想看一看究竟还能多糟糕。我没有退路，只能不停地努力向前走——我为什么不能做到？"

阳光总在风雨后，如今的莉丝深深明白这个道理：不管怎样，人是不能向命运低头的——世界在不停地运转，生活永远不会因为一个人的忧伤与失落而改变。你若不抛弃自己，就永远没人能抛弃你。

莉丝总是记得妈妈曾同她说的那句话：生活并不会停留在那等候每一个人，你的生活永远都不会晚，生活之路就在你的面前，你的脚下。

但她的妈妈，虽然明白这个道理，能给女儿这样的教导，却终于没能走出行动的第一步。

懂了泪水，就懂得了人生

> 要相信，你比自己想象的还要强大。

生命的历程有时一片光明，有时会陷入黑暗；有时处于人生的巅峰，有时又会跌入低谷；有时阳光明媚，有时阴云密布。挫折是人生旅途中必经的一站，我们在遇到挫折时担心害怕，但挫折并不会因为你的逃避就不存在。而真正的强者会勇敢地接受生活的考验，因为她们知道，懂了泪水，就懂得了人生。

玛丽·布朗回到了她在加拿大渥太华那个空荡荡的家，在几年前的一次战争中，她的丈夫丢了性命。不久前，她的母亲也去世了。更大的灾难继而降临在她的头上，战争胜利那一天，街上锣鼓喧天，人们在欢天喜地地庆祝胜利，玛丽那唯一的孩子——唐纳德，却永远地离她而去了，只剩她一个人孤零零地活在这个世界上。

参加完儿子的葬礼，她走进家门，感觉家中荒凉如原野，悲伤和痛苦占据了她的心。

布朗太太就这样一天天地沉浸在悲伤、恐惧和孤独中。她感到痛苦而迷惘，她不能接受发生在自己身上的一切。

后来，她为了让自己有活下去的勇气，有选择地做一些自己感兴趣的工作。随着时间的推移，她慢慢走出了心理的困境。她说："日子再难熬，我也要过好自己的生活，就算世界抛弃我，至少我不能抛弃我自己。于是，我开始关心同事和朋友。一天早晨醒来，我发现我已经走过了那段最难过的日子，我相信未来会变得更好。现在，回首那段黑暗的日子，我感觉自己的人生就像一条与疾风暴雨搏斗后安全回归的船，终于能够停泊在一个宁静的港湾里。"

对于任何一个女性来说，遇上像布朗太太那样的遭遇都可以说是太惨了，而唯一能做的事就是勇敢地去面对现实，让时间去治愈心灵上的伤口。当初，布朗太太拒绝面对现实，沉浸在痛苦中不能自拔的做法，实际上是让痛苦继续伤害自己。

哈里·爱默生·福斯迪克去缅因州的一个农场中拜访一位朋友，他在朋友那里看到一棵结满了果子的苹果树，累累的果实把树枝压得差点垂到了地面，不得不用架子支撑住。

爱默生问："为什么这棵树结的果子比其他的树都要多？"朋友对他说："你过去看看这棵树的树干就知道了。"

爱默生走过去之后，看到这棵树的侧部有一个很深的伤口，明显是被刀砍的。朋友解释说："我们发现，生长期的苹果树往往只长树干和树叶，不结果实。所以到了生长期，我们就砍掉它的部分树皮，以此来防止只长树叶不结果的情况产生。尽管我们不知道其中的原理，但这样做的结果，总能让这棵树多结果子。"

苹果树的例子并不是孤立的存在。木瓜树是雌雄异株的植物，分为公树和母树。只有母树才长出个大味美的果实，而公树结出的果实又小又涩。于是，种植者就会给木瓜树实施"变性手术"——在其树干底部钉进一枚生锈的旧铁钉。公木瓜树因此就可以结出个大味美的果实了。

痛苦的经历不失为一种催化剂，可能是想让我们得到更多。

当意外撕裂我们幸福的彩缎时，当我们遭遇不幸时，仿佛全世界的钟表都停止了摆动，心在那一刻成了碎片，但我们必须别无选择地向前走，完成人生赋予我们的使命。因为，你不知道这种"摧残"是不是一次另类的成长。

一位年轻的作家叫马拉拉，她的专栏受到很多人的关注，这不仅仅是因为她只有12岁，也不仅仅是因为文章中有着这位少女超乎同龄人的思考。而是因为，马拉拉专栏中所记录的，是一个年轻女孩怎样用生命与自己所在的险恶环境抗争。

马拉拉所住的斯瓦特山谷是个景色优美的地方，那里有高山、河流和茂密的树木，曾经是旅游者青睐的天堂。

马拉拉的全家都住在一座很小的房子里，家境并不富裕，她的父亲齐亚丁是一名社会活动家，他开办了几所学校，让超过1000名学生在那里接受教育。

有一天，一群武装分子来到了斯瓦特山谷，改变了当地人的生活。他们禁止女孩接受教育，毁坏了上百所学校。但齐亚丁冒着死亡的威胁拒绝关闭学校，拒绝取消学校正常的教学。因为他认为："教育是光明，无知是黑暗，我们必须从黑暗走向光明。"父亲的坚定信念影响了马拉拉。

在父亲的鼓励下，她除了在父亲开办的学校里勤奋学习，还把大量的时间用在倡导女孩子上学的权利上。她组织成立马拉拉教育基金会，帮助当地的穷困女孩上学。

不久后，不到13岁的马拉拉开始为国外的一家广播公司撰写专栏，以亲身经验记录战火纷飞的祖国中人们的日常生活，包括她怎么样在恶劣的环境下坚持上学和鼓励周围的女孩接受教育的事情。她在文章中说："如果一代人没有拿过笔，就会接受恐怖分子递来的枪支。""我有两个选择。第一个选择是保持沉默，永远不要开口讲话，然后死于这些恐怖分子手下。第二个选择是为自己的权利大声疾呼，然后死去。我选择了后者。"

很快，马拉拉被盯上了。一天，一辆女子学校的校车照常沿着固定的路线，在路上架设的检查岗处右转，然后经过废弃的板球场向前行驶……突然，校车被截停了，两个男人拦住了这辆车，其中一个人冲上车问道："谁是马拉拉？"没人回答，因为所有人都吓坏了，几个孩子下意识地望着马拉拉。

15岁的马拉拉无处可逃，车上的匪徒抬起黑色的手枪，朝马拉拉扳动扳机开了三枪，然后逃之夭夭。当司机驱车把马拉拉送到医院，她浑身是血，已经没有了意识……

马拉拉奇迹般地生还了，但面部留下了永久的损伤。然而她没有退缩，她说："坏人们以为能阻止我们达成目标，能吓退我们的雄心壮志，但是我们没有被吓怕——软弱、恐惧、失望逐渐消散，随之而来的是坚强、力量和勇气。"

伤害，让她拥有了敢于捍卫自由的叛逆与勇气。

出院后的马拉拉开始频繁演讲，呼吁人们重视女孩的受教育权利，马拉拉说："我不会在威胁中后退……对于普通人来说，生命是普通的。但对于那些敢于发声的人来说，生命就必须冒险。"

与同龄的孩子相比，马拉拉的生命遭遇了更多的坎坷，但也就因为经历了不公平的环境，马拉拉才对自己的权利，对自己的人生有了更明确的追求。这种年少无畏的勇气和明确的信念，让很多人关注到了女孩受教育的这个角落，马拉拉用自己稚嫩的生命让世界见识到了青少年的勇气。正因为如此，17岁的她获得了诺贝尔和平奖，她是该奖项成立以来最年轻的得主。

《洛杉矶时报》说："马拉拉或许不是第一位站出来宣讲笔比刀剑更有力的人，但她可能是唯一的一位在枪击中活下来并不断争取受教育权的青年。"

人生难免遭遇坎坷，遭遇困境，谁的人生都不可能一帆风顺。但对生活充满信心的女人，总能笑对这些不幸。因为生活的困苦，往往是成功催化剂的另一种面目，它的到来仿佛是在提醒我们：不要忘了，你还有令人惊讶的潜能，只要你愿意利用，愿意发掘，一切困难都可以迎刃而解。要相信，你比自己想象的还要强大。

我比谁都相信努力奋斗的意义

再微小的努力，都会让自己的人生过得更精彩一点。

生活如同战场，到处都会有破灭的梦想、支离破碎的希望和残缺的幻想。在与生活的战斗中，很多人会伤痕累累，甚至会败下阵来。然而，不将就的女人却不会因此而顾影自怜，从不会自怨自艾，对那些没有遭遇苦难的幸运儿也丝毫没有什么嫉妒之心。

在生活的困苦中挣扎出来的女人，拥有的是实实在在的生活，而不是将就地活着。她们已满饮生活的苦酒，深知生活的滋味，她们所经历的许多事情，有的人一辈子也不会懂得。只有眼睛被泪水洗净的女人，才有广阔的视野。

专栏女作家桃乐丝·迪克斯说："我比谁都相信努力奋斗的意义，甚至懂得焦虑和失望的意义。我不会伤感，不为昔日的烦恼流泪。生活的艰难，让我彻底接触到了生活的方方面面。"

桃乐丝命运多舛，年轻时不但贫困，还患有严重的疾病。当人们问她是如何渡过难关，成为著名的专栏作家时，她回答道：

"度过了昨天，就能熬过今天，我不允许自己去猜测明天将会发生什么事。

"我也学会了不要对他人产生过高的期望，这样一来，无论是朋友对我不忠，还是有些闲言碎语，我都会一笑置之，并且继续与他们保持交往。除此之外，我还学会了幽默，因为令人哭笑不得的事情实在太多了。当一个女人遇到烦恼时，不仅不焦虑，反而能自我排解，那么世界上再也没有任何不幸可以伤害她了。

"对于人生种种困苦，我从不觉得遗憾，因为透过那些困苦，我彻底了解了生活的每一面——而这一点就值得我付出一切代价。"

家住德克萨斯州的丽兹·维拉斯奎兹，从出生时就被发现得了一种极其罕见的怪病：马凡氏综合征，并且身体无法储存脂肪——得这种怪病的包括她在内，全球只有三个人。更糟的是，4岁时，她的一只眼睛开始从褐色变成蓝色，经过医生诊断后才发现，她的这只眼睛已经失明了……虽然在父母的精心照顾下，她磕磕绊绊地活了下来，但每天不得不吃60顿饭，每隔15分钟就要吃一餐。即使这样，二十多岁的她，身高虽然有1米57，体重却只有25公斤——这相当于一个8岁女童的身体重量。她身体的脂肪近乎为零，体型干瘪，被人嘲笑是"骷髅女孩"。

这还不够，17岁那年，她浏览网页时意外地发现自己成了视频短片《世上最丑的女人》的"主角"，原来有好事之徒悄悄将她拍摄下来放到网页上，更令人伤心的是，这部短片的点击率竟然超过400万次。无数网民在评论中释放了语言暴力，甚至有人叫她自行了断……

倍感欺凌的她，在生活的苦难面前并没有退缩，而是选择勇敢站出来迎接这一切。尽管骨瘦如柴，身体多病，她还是积极参加学校的各种活动，并成为了女子拉拉队的队员。后来，她决定用自己的亲身经历，为弱势群体争取点什么。于是，她完成了一部关于自己的纪录片；她的演讲风靡互联网，激发了很多因自卑而自暴自弃的年轻人；她出版了讲述自己经历的书；甚至参与了拓展反欺凌的工作，游说国会议员通过首部反欺凌的法案。

被千万人讥笑的丽兹，是怎么走出人生的低谷，找回了自信的感觉呢？

原来，几年前，丽兹写出了个"爱自己"的清单，清单上，丽兹写下了自身所有的优点，无论是身体上的，还是性格上的。她把清单贴在浴室的镜子上，以便每天都能看到它，直到自己相信这些文字。每次她质疑自己的时候，首先会想到这个清单，想起'我身上的确有可爱的地方。'慢慢的，她不再困扰于别人的质疑。

"你必须完全自信地意识到，做自己就足够了"，丽兹说，"你不需要用别人的标准来衡量自己，你不需要像别人一样胖或者一样瘦，不需要把自己和别人相比。你需要的，只是做自己，因为每个人都是无可替代的，每个人都有可爱的地方。"

"还有就是，要积极向上地面对这个世界，绝不将就这个世界对你的吝啬。与感伤相比，我们更需要积极奋斗，唯有这样，才能建设好自己的生活。无论是你的生活、工作、学习，还是内心出了问题，都要相信自己能够面对，这样，所有事情才会变得井然有序。"

回顾已经逝去的岁月，丽兹深深感到，在那些困苦的环境中，更能学会宝贵的人生哲学，这是那些生活在舒适环境的女人所学不到的。一个经历了极度不幸的人，面对服务生服侍不周，或是厨师做坏了一道菜的小事时，都会毫不在意。

不将就的女人，不会怨天尤人，她们比谁都清楚，这个世界是不完美的，既然如此，不妨迎接挑战，努力奋斗。她们会珍惜当下的每一天，因为再悲惨的命运，都可以通过自己的努力，扭转不利局面。而再微小的努力，都会让自己的人生过得更精彩一点。

赠人玫瑰，手有余香

当你善待他人时，也就是在善待自己。

当人们试着使别人高兴时，会使自身具有一种忘我精神，沉浸在美好的自我暗示之中，自然会感觉生活更加明朗。这就是所谓的"赠人玫瑰，手有余香"。

温妮·孟恩太太在纽约市文秘专业学校工作，她只不过努力让两个孤儿高兴起来，便治好了自己的抑郁症。

那一年，温妮失去了她亲爱的丈夫，她的情感世界仿佛崩塌了。圣诞节到了，虽然许多朋友都向温妮发出了邀请，但她拒绝了他们的善意邀请，甚至陷入更加顾影自怜的情绪中，她总觉得自己无论去哪里都会令人讨厌。

圣诞节前夕的下午3点钟，温妮离开办公室，百无聊赖地走在纽约第五大街上。大街上人群熙熙攘攘，每个人都露出开心快乐的样子——这种热闹却让温妮倍加凄凉。她一想到要回到那个孤单空寂的公寓，就觉得十分害怕。

迷茫过后，温妮发现自己竟然站在一个公共汽车站前。以前温妮常常和丈夫一起随意搭上一辆公共汽车，去未知的地方转转，这么做纯粹是为了好玩。为了重温那种感觉，温妮随便上了一辆公共汽车。车子驶过了哈德逊河后很久，只听司机说："终点站到了，太太。"

这是一个不知名的小镇，一个十分安静的小地方。温妮沿着居民区的街道走进了一座教堂，这里传来《平安夜》的优美乐曲声。除了拉风琴的人外，整个教堂空荡荡的，温妮静静地坐在一张椅子上，看着圣诞树上耀眼的灯光，仿佛点点繁星在月光下跳舞。悠扬的乐曲声让一天没有吃过东西的温妮觉得有些眩晕，然后就昏睡过去了。

醒来时，温妮才想起来自己根本不知道自己身在何处。她回过神来，只见面前站着两个穿得破破烂烂的小孩，一个小女孩正指着温妮问另一个小孩："是不是圣诞老人把她带来的？"看到温妮突然醒过来，两个孩子吓坏了。

温妮问："孩子们，你们的父母在哪？为什么不回家？"两个小孩沉默了。原来他们没有爸爸妈妈，也没有家，是两个小孤儿，所以只能在平安夜游荡在街上。看到这两个无依无靠的孩子，温妮忽然对自己的那点忧伤和自怜感到惭愧。

温妮带着他们观赏那棵圣诞树，又带着他们去饮食店吃了一些点心，还买了一些糖果和几样圣诞礼物送给了他们。

直到这一刻，温妮这才发现自己一直是个幸运的人：原来从童年时代到青年时代，一直有人关心她、照顾她，给了她很多快乐——自己还有什么不满足的呢？就这样，温妮的抑郁症魔术般地消失了。

是的，只有让别人快乐，才能使我们自己变得快乐。快乐是能相互传染的，你在施予快乐的同时也在接受快乐。只有用我们的爱心来帮助别人，才能克服自己的忧虑、悲伤以及自怜，使自己的面貌焕然一新。

女士们，无论你的生活多么平淡，每天还是会接触到一些人，你对他们怎么样？是仅仅看他们一眼，还是试图去和他们交流？

例如一个快递员，每年要走很多路，把一件件快递送到你的门口，你有没有问一问他住在哪里，或者看一看他太太和孩子的照片？你有没有问一问他的脚是否很酸？他的工作会不会让他觉得很烦呢？还有，那些送水的工人、送餐的人、街角为你擦鞋的那个人，你有没有对他们表示过关心？

这些人也都是人，都有自己的烦恼和梦想，他们渴望有机会和他人来分享自己的快乐和忧愁，可你有没有给他们机会呢？你有没有对他们的生活流露出一份兴趣呢？这就是我的回答。改变这个世界，不一定要做乔布斯或者一名领导者，你可以从明天早上开始，从所碰到的那些人做起。

这样做有什么用呢？它能给你带来更多的快乐和更大的满足，能让你心中充满快乐和舒适。亚里士多德将这种人生态度称之为"有益于人的自私"，就像富兰克林说的："当你善待他人时，也就是在善待自己。"

"赠人玫瑰，手有余香"，多从他人的角度思考，不仅能让人消除忧虑，还能帮助你广交朋友，获得更多的人生乐趣。但是究竟怎样才能做到这一点呢？耶鲁大学的威廉·里昂·菲尔普教授说：

"无论是住旅馆、理发，还是购物，我总是会和自己所碰到的人说笑，我始终将他们当成平等的人，而不是社会机器里的一个小零件。我会称赞商场里接待我的服务员，说她的眼睛很漂亮，头发很美；我会很关切地询问正在为我理发的师傅，整天站着会不会觉得累？我向他了解他是如何干上理发这一行的，干了多久？是否曾经统计过一共理过多少个头？我发现，当你对他人表示出浓厚的兴趣时，就能够让他们高兴起来。当我与帮我搬行李的戴着红帽子的侍应生握手时，他就会显得十分开心，整个人仿佛充满了精神。"

一个炎热的中午，威廉教授在纽海文铁路餐车上用餐。拥挤不堪的餐车空气很差，服务又非常慢，等了很久，服务员才将菜单交给威廉教授，威廉教授边点菜边对服务员说："后面的厨房一定又热又闷，厨师们今天一定累极了吧！"

听了这句话，那个服务员突然激动起来——声音大得让威廉还以为他发怒了。"老天"，他大声说，"每个人都抱怨这里的东西难吃；骂我们动作太慢；嫌这里的空气太闷热；饭菜的价钱太贵……各种各样的抱怨我已经听了足足有19年了。你是第一个，也是唯一一个对那些在闷热的厨房里干活的厨师表示同情的人，我真想乞求上帝，多让我们接待几个像你这样的客人！"

看来，普通人所希望的，不过是他人对自己的尊重。

每当我在街头看到有人牵着一只漂亮的狗时，我总会夸夸那条狗有多活泼，多漂亮，当我往前走几步回过头时，经常会看到那个人会欢喜地拍拍小狗的头——我的赞美使他更加喜欢自己的狗了。

在英国，我曾经遇到一个牧羊人，我很真诚地赞美他那只又大又聪明的牧羊犬，还虚心地请教他是如何训练那只牧羊犬的。聊完天，我离开后再回头一看，发现那只牧羊犬将前脚搭在牧羊人的肩膀上，牧羊人正充满爱意地抚摸着它。我不过是对那个牧羊人和他的牧羊犬表示出一点点兴趣，就使得那个牧羊人很快乐，也使得那只牧羊犬很快乐，同时，也使自己的心情变得愉悦起来。

一个会跟红帽子握手，会对在闷热的厨房工作的厨师表示同情，会告诉他人喜欢他们的狗的人，怎么会恨他人、恨社会、恨生活呢？怎么会抑郁得要去看医生呢？不可能！当然不可能！有句中国俗语说得好："赠人玫瑰，手有余香。"

要使自己开心，首先让别人快乐。施予他人恩惠，我们就收获快乐。所以，让我们做一个助人为乐、关爱别人的女人。人生是单行道，只会向前走，如果有能力行善事，请现在就做，不要拖延。

不将就的女人，都是狠角色

我对任何人都不会有敌意和怨恨。

每个人都希望得到别人的尊重和关爱，只有从别人身上得到了这些，我们的人生才是快乐和有意义的。可别人的尊重从哪里来呢？前提是，保持独立的人格。

爱默生在《自我信赖》中说："人只有自己才能帮助自己，只有耕种自己的田地，才能收获自家的玉米。上天赋予你的能力是独一无二的，只有当你自己努力尝试和运用时，才知道这份能力到底是什么。"

罗莎·帕克斯出生在亚拉巴马州的一个黑人家庭，她的身上流淌着黑人、印第安和北欧白人的血液，是一名混血女人。由于身体不好，加上当时有色人种受教育的环境很差，罗莎靠艰苦的自学和上职业学院完成了自己的教育，后来，她做了一名裁缝。

当时，美国正处在歧视有色人种的社会环境中，无论是黑人、印第安人还是黄皮肤的亚洲人，仿佛都低白人一头。特别是黑人，社会上对他们的歧视很严重，说什么黑人的智力有问题，所以不能上大学，只能做低级的职业，不配给白人做邻居，甚至坐公交车都要和白人分开坐。罗莎作为一名混血儿，从小饱尝了这种不公平的屈辱，她愤愤不平：既然说大家的人格都是平等的，为什么要给有色人种这样不公平的对待呢？于是，罗莎积极参与"全国有色人种协进会"在当地的民权活动，成为一名民权主义者。

1955年12月1日这一天，和往常一样，罗莎下班后上了一辆公交车。车后部都坐满了人，她在车中部发现一个座位——按当时阿拉巴马州的法律，公车上分白人区、中间区和黑人区。白人可以坐在车的前面，黑人只能坐后面，中部只有没有白人时，黑人才可以坐，但即使只有一个白人，所有坐在那儿的黑人都得站起来给白人让座——经过了一天的紧张劳动，罗莎累极了，便在中部一个位置上坐了下来。

过了几站，上来了一个拿着东西的白人，于是司机开口让罗莎给那个白人让座——这在当时仿佛是很"正常"的事情，大家也都"习惯"了这样做，谁让黑人"低人一等"呢？

但是罗莎想了想，拒绝了司机的这个指令，她不愿意让自己这样屈辱，不愿意自己的人格受到伤害。

这一下可捅了马蜂窝，司机马上叫来了警察把罗莎逮捕了。法庭很快判决，罗莎违反了法律，罪名是"行为有失检点"，需要交10美元的罚款和4美元的法庭费用。

在当时看来，这只是一件小事，因为很多人都遭遇过这种不公平的待遇，罗莎的行为就像是以卵击石。但是历史上的很多转折，恰恰是小事引发的。谁也没想到，罗莎这个看似不起眼的"叛逆行为"竟然拉开了美国现代民权运动的序幕，并改变了美国的历史进程。

三天之后，在民权运动领袖马丁·路德·金的发起下，蒙哥马利市的黑人展开了一场轰轰烈烈的"拒绝乘坐公交车"运动。黑人们宣称，除非满足如下条件，即：雇用黑人司机，礼貌对待黑人乘客，车辆中区位置先到者先坐，黑人无需让位与白人，他们将永远不再乘坐公交车。

这个运动得到了所有黑人的支持，有一些富有社会正义感的白人也加入了这项运动中。蒙哥马利市参加运动的四万多群众，无论是上班和外出办事，都坚决不乘坐充满种族歧视的公交车，无论道路有多远。其中，有的人甚至一天需要走32公里！这场运动坚持了整整381天，在黑人众志成城的坚持面前，在社会巨大的舆论面前，美国最高法院不得不判决取消公交车上的座位隔离制。

罗莎掀起的这场民权运动，改变了很多人的命运。当时有一个名叫赖斯的黑人小女孩，她的小伙伴丹妮丝和另外3个小女孩就是被歧视黑人的白人组织炸死的。而就因为这场运动，黑人的情况得到了改善，赖斯才渐渐获得了和白人孩子一样的受教育的权利，几十年后，她成为了美国第一名黑人女国务卿。

八十六岁的时候，罗莎获得了代表最高荣誉的国会金质荣誉奖章，九十二岁的时候，她与世长辞了。但是人们没有忘记她，人们就像对待一位伟人一样，将罗莎的遗体安放在华盛顿国会大厦的圆形大厅供民众瞻仰——她是获此殊荣的第一位女性。在葬礼上，赖斯感慨地说："没有罗莎·帕克斯，我就不可能今天以国务卿的身份站在这里……"

或许每个时代都有时代的道德标准，每个人也都有自己的道德标准，但用自己的道德要求别人，就是不道德。只有维护自己的尊严，保持独立的人格，才会推动社会的进步，进而保护我们的权益不受侵犯。

如果一面希望能够得到别人的尊重，一面觉得自己的力量过于渺小，说什么自己总是无能为力，那我们只能屈居于别人的屋檐下，苟且地活着。只有不将就社会的歧视，不将就别人的道德标准，认为自己不比别人差，不比别人矮，我们才能活得精彩、活得潇洒。

我经常站在加拿大贾斯珀国家公园里，仰望那座层峦叠嶂的美丽山峰，这座雪山是如此的洁白，仿佛是一只来自天堂的白羊，这座山的名字叫艾迪丝·卡维尔，这是一位慷慨赴死、被德军行刑队执行枪决的女人。

她犯了什么罪呢？只是因为她没有服从占领军的命令，尽到了自己作为一位护士救死扶伤的责任而已。

艾迪丝·卡维尔是一名普通的英国护士，曾经担任过比利时首都布鲁塞尔一家护士学校的校长。第一次世界大战爆发后，艾迪丝本来在英国度假，但是不久后，战争在比利时也爆发了，那里顿时哀鸿遍野。得知了这个消息后，艾迪丝对母亲说：我有责任救护受伤的人，我的职务在比利时，我必须回去履行自己的职责。

于是，她回到布鲁塞尔，担任当地红十字医院总护士长，组织抢救在混战中受伤的各国伤病员。

德国占领军的长官渐渐发现，艾迪丝不管是哪个国家的伤兵，都会平等地给予护理，于是，便责令她说：比利时士兵和法国士兵是俘虏，护士必须看守他们，绝不能让伤残俘虏跑掉。

但柔弱的艾迪丝却拒绝了这看似不能违背的命令，她说："护士的任务只是护理，而不是当什么看守员。"在艾迪丝·卡维尔的坚持下，伤兵医院里收容了很多法国和英国伤兵。

但艾迪丝很快被秘密地逮捕了，她不会说谎，很快便承认了她曾帮助过200名官兵逃出了敌人的监管，而这样做的目的，只是出于人道主义的同情。艾迪丝认为，护士的职责就是救死扶伤，作为一个履行自己职责的护士，不能眼睁睁看着伤兵随时受到生命的威胁。

两个月后的一天早晨，一位教士走进军人监狱里艾迪丝的牢房里，为她做临终祈祷，因为艾迪丝已经被判死刑，罪名是私自释放俘虏。面对即将到来的死亡，艾迪丝·卡维尔很安静，她说了一句不朽的话，这些话后来被镌刻在纪念碑上："我知道，仅仅爱国是不够的，我对任何人都不会有敌意和怨恨。"

没想到，普通护士艾迪丝的死引发了一场风暴，人们纷纷走上战场，他们并不是愿意为没有意义的战争卖命，而是为了自己心目中坚守信念，坚持自我的女护士而战斗。四年之后，她的遗体被送到英国，英国为其在西敏寺大教堂举行了盛大的安葬典礼。我曾在伦敦住过一年，就常常到国立肖像画廊对面去看艾迪丝·卡维尔的那座雕像。

罗莎和艾迪丝原本都是柔弱的普通女人，只因为坚持自己的信念，坚持自己对生命的尊重，便在历史长河中成为了不朽。可以说，不将就的女人，都是狠角色。因为她们的不将就，她们的抗争，她们那柔弱的声音成了勇气的象征。

亲爱的朋友，如果你认定自己一生注定如此，总是迁就社会或者环境强加给你的看法，你便真的会庸庸碌碌地过一生。而如果你坚持拥有自己独立的人格，无论走到哪里，无论过程多么艰辛，你都会赢得尊重。

拥有更多属于自己的时间

用删繁就简的工作与生活技巧，充分享受工作和生活的乐趣。

请回答这个问题：人们喜欢一个勤快的女人？还是喜欢一个懒惰的女人？这个问题的答案很明显，相信没人喜欢懒人。我想换一种角度提问：你喜欢整天忙忙碌碌去做一堆杂事，以至于没时间去做自己喜欢的事情？还是喜欢用最短的时间处理一堆杂事，然后尽情享受人生？相信这一次亲爱的读者很少会选择前者了。

现在有这样一群女人，她们一下班就离开办公室，手中却很少有积压的活儿，她们看起来很能干，实际上却过得很舒服，她们不刻意做美丽的白天鹅，反而随意做一只享福的小懒猫，她们是聪明又勤快的"懒"女人。

她们是怎么做到的呢？其实并不是很难。

首先，断舍离，只留下正在处理的问题的资料，其他东西统统从桌面清除掉。

在华盛顿国会图书馆的天花板上有几个大字："秩序是造物

者的第一法则。"每人的精力都是有限的，但很多人的工作又是没秩序的，她们看起来很忙，却只是在重复，用大把地时间去做没用的劳动。所谓有秩序，就是用删繁就简的工作与生活技巧，扔掉不需要的东西，理出事情的轻重缓急，再从容完成，以充分享受工作和生活的乐趣。

罗兰·威廉斯和我说过："当我面对一张摆满回信、报告和备忘录的办公桌时，我就感到紧张烦乱。更糟的是，我满脑子会响起：'事情太多，时间太紧'这句话，这让我容易感到疲倦，时间长了，我甚至怀疑自己得了高血压、心脏病和胃溃疡。

"我发现有的人书桌上就像这样堆满了各种资料。其实，如果他能把那些不重要的东西全部收拾起来，他将会发现处理工作可以更轻松、更正确。我把这称之为大扫除，通过整理物品来整理工作，清除不必要的东西，让工作舒适起来，这是我对秩序的理解，也是我工作效率比较高的经验总结……并且，清理办公桌也许会带来收获呢，某报发行人告诉我，他的秘书清理他的一张办公桌时，竟然发现了两年前遗失的一台打字机。"

女士们，罗兰·威廉斯的最后一句话虽然是个笑话，但也说明了在一个杂乱的环境下办公，的确也容易让人没有条理，没有秩序，陷入混乱中。

其次，必须抓住事情的重点，才能有效避免无关紧要的工作。

女士们，你想过如何才能有效提升效率，在最短的时间里让自己轻松做完工作吗？这只需要一点归纳和管理能力。但怎样组织、分层负责和监督别人，很多女士还是感觉茫然甚至一无所知。

事实上，即使男性也未必都能做到这一点，据我所知，很多商人都做慢性自杀的事儿，因为他们不懂得怎样把责任分摊给其他人，而只会坚持事必躬亲。其结果是，很多枝节小事让他手忙脚乱，耗费了他绝大部分的时间，他总觉得匆忙、焦虑和紧张。一个经管大事业的人，如果没有学会怎样组织、分层负责和监督，那他很可能在50多岁或60出头的时候死于心脏病。

现在，让我们来看一下，怎么样才能消除生意上的那些麻烦事儿。

如果你本来就是个生意人，也许会认为："真荒唐！我干这行已经十几年了，居然有人想要告诉我怎么消除生意上的麻烦？荒唐极了！"

让我们开诚布公地说吧！也许我确实不能帮你解决生意上的忧虑，除了你自己，没有人能做到这一点。可是，据我所知，有一位企业家，不但消除了几乎一半的忧虑，还节省了大部分花在开会和解决麻烦问题上的时间。

里昂·胥静是西蒙出版社几个高层单位的主管之一，曾担任过纽约袖珍图书公司的董事长。十几年来，他几乎每天都要花一半的时间来开会。但开会的效率很低，大家总会为一个微不足道的小事辩论个没完。一场会下来，里昂总是感到筋疲力尽，但往往没解决什么问题。后来里昂·胥静制订了一个方案，这才促进了办事效率，还让自己变得更加健康和快乐。

下面就是里昂的秘诀，他说：

我订下一个新的规矩：任何一个有问题要问的人必须先准备好一份书面报告，回答以下四个问题：

1、**问题是什么？**

2、**产生问题的原因是什么？**

3、**这些问题有哪些解决办法？**

4、**你建议用哪种办法？**

如今，里昂的部下很少把问题拿上来了。因为他们发现，在认真地回答了上述四个问题之后，最妥当的方案就会像面包从烤箱中自动跳出来一样顺理成章。即使非讨论不可，所花的时间也不过是过去的三分之一，因为讨论的过程有条理而且合乎逻辑，最后总能得到很明智的结论。

弗雷西亚·碧吉尔，这位保险业的成功女性，在刚开始从事这个行业的时候，曾经非常顺利，对自己的工作充满了热情。但是不久之后，弗雷西亚的业绩开始停滞不前，她非常泄气，开始怀疑自己是不是选错了职业，差一点都要辞职了……但在辞职之前，弗雷西亚还是想努力一把，想最后试试看能不能找什么解决办法，于是，她开始静静地思考，想找出忧虑的根源。

一、首先她问自己："问题到底是什么？"

弗雷西亚很快就找到了问题本身：她拜访过很多客户，成绩却很不理想。她本来和顾客谈得好好的，可最后快要成交时，他们总说："碧吉尔小姐，我想再考虑考虑，下次再说吧！"这种情况让弗雷西亚觉得很沮丧。

二、然后，她问自己："有什么解决办法吗？"

回答之前，弗雷西亚想研究一下过去的情况，于是拿出过去12个月的成交记录，仔细看看上面的数字。她吃惊地发现，自己所卖的保险，有百分之七十是在第一次见面时成交的；另外有百分之二十三是在第二次见面成交的；只有百分之七，是在第三、第四、第五次……才成交。但实际上，弗雷西亚的工作时间，几乎有一半都浪费在那百分之七的业务上了。

三、那么答案是什么呢？

很明显：弗雷西亚应该立刻停止第二次以后的拜访，把空出的时间用在寻找新的顾客上。

结果令人大吃一惊：在很短的时间内，弗雷西亚就把成绩提高了一倍。

弗雷西亚·碧吉尔现在做得很成功。还是这个人，曾经想放弃自己的工作，几乎要承认自己的失败。结果呢，分析问题使她走上了成功之路，也使她成功变"懒"，避免了大量的重复劳动和由此带来的挫败感，拥有了更多属于自己的时间。

PART 3

认同这个世界，
但仍要过自己想要的生活

输不丢人，怕才丢人

自信是从第一次成功开始的，也是从一次失败开始的。

当一件事件发生时，不要去考虑太多的后果。自信是从第一次成功开始的，也是从一次失败开始的，输，不丢人；怕，才丢人。真正的自信是建立在遍尝成功和失败的基础上的无所畏惧。自信心不是一朝一夕可以成就的，除了要对自己有一个正确的认识，敢于去做自己想做的事情之外，还要放手去做令自己畏惧的事情，哪怕失败。

辛西娅·卡罗尔担任过英美资源集团的执行总裁。这家五百强企业一向是男性的地盘，从矿工到高层，概莫能外。特别是执行总裁，一向都要满足男人、南非人和公司内部人员这三个条件。一名既没有本公司背景，还不到五十岁的女人卡罗尔被任命为总裁，很多人觉得公司高层简直是疯了。

辛西娅早先是一名地质学家，还担任过加拿大铝业旗下金属集团的首席执行官。她来做英美资源集团的首席执行官的确是一场偶然。在瑞士的一次会议间隙，在安静的走廊上，当时担任金属集团首席执行官的辛西娅，正好走过英美资源集团董事长马克·穆迪·斯图尔特的身边，辛西娅并不知道对面走来的这个人是谁，但是她性格外向，待人一贯热情而礼貌，于是主动给对方打招呼："嗨！您好！我是金属集团的辛西娅·卡罗尔，认识你很高兴，请问你是做什么工作的？"就这样，两个人认识了，还交谈得很投机，随后马克·穆迪邀请辛西娅加入了英美资源集团。

上任后，面对无数人"你太年轻"或"你没有任何背景"的质疑时，辛西娅安之若素，她说："我没把这些质疑当成障碍。的确，我与英美资源集团创办以来的历任总裁都不一样：我是一个女人，不是来自南非，我甚至没有在本公司工作的背景。但我想，这种不同反倒可以转成优势。可以谦虚地说，我会为英美资源带来不同的视角，我的管理从来都是向前看的。还有，我天生是个乐天派，不会忧愁，不担心过去发生的一切。当我晚上上床睡觉时，我总是睡得特别香。"

很多人缺的不是能力，而是自信，他们不是做不到才失去自信，而是失去自信后才做不到的。

罗宾逊教授曾说："恐惧衍生于无知和不确定"，这话有一定的道理。例如说，人们之所以不喜欢在公众场合发言，是因为他们很少在那种场合说话，所以心里不免感到焦虑和恐惧。对于他们来说，当众发言，或许要比学打网球或者学开汽车还要难。要使这种情境由畏惧变得轻松，就只有事先多做准备，坚持练习。

一个人如果通过练习，发表了精彩讲话，那么从此以后，当众说话就不会是一种痛苦，而是一种享受了。

阿尔伯特·爱德华·魏格恩先生是一位著名的演说家和心理学家，他曾经非常害怕当众说话。上学时，他一想到要站起来发言这件事，就心惊肉跳。

魏格恩先生曾经给我讲过他那段不堪回首的经历：

"只要一想到我要当众站起来发言，血就直往脑门冲，我不得不把发烫的脸贴到冰凉的砖墙上，好让涨红的脸褪点颜色。读大学时也是这样。有一次，我很用心地把一篇稿子背了个滚瓜烂熟：'华盛顿与杰弗逊已经去世了，但是他们的……'当时我觉得应该没什么问题。但当我上台后，看到黑压压的人群时，我的脑袋'轰'的一声一片空白，双腿发软，几乎不知自己置身何处。我勉强张开嘴，但除了'华盛顿与杰弗逊已经去世了'，什么都说不出来了，所以我只能鞠躬退场，在稀稀拉拉的掌声中沮丧地走回座位。

"校长站起来说：'亲爱的爱德华，我们听到这个消息悲痛极了，虽然他们已经去世了一百多年，但我们还是会尽量节哀的。'尔后，会场上爆发出了震耳欲聋的笑声。当时我恨不得钻到地缝里，接着还病了好几天。当时我想：'我这辈子就别指望能当个演说家了。'"

大学毕业后，魏格恩先生一直住在丹佛市，在那里工作生活。直到有一年，美国发生了一场"自由铸造银币运动"，大家为究竟用黄金还是白银作为本位货币争了个不可开交。当时魏格恩先生读到一本书，这本书建议实行"自由铸造银币"。他看后，激烈地反对这个观点，于是把手表送进当铺，换了些路费回到家乡印第安纳州宣传自己的主张。但魏格恩先生当时忘了，在宣传场合，就肯定免不了要发表演讲，而在家乡的听众席上，有很多人是他昔日的同学。

魏格恩先生告诉我说："一开始时，我真的有些怯，大学里那次'华盛顿与杰弗逊已经去世了'的失败演讲的那一幕又掠过我的脑海。一张嘴，我就开始结巴，觉得喘不上气来，眼看又要失败了。但是十分感谢大家，听众很有耐心地听我磕磕巴巴地说完了开场白。虽然这个成功微不足道，却给了我说下去的勇气，我继续往下讲了一段时间，我觉得我一共说了大约十五分钟，但实际上我说了一个半小时，我自己都十分吃惊。接下来的几年里，我成为让全世界最吃惊的人，因为我已经吃上了演说这碗饭，还把它当成了我生命中不可分割的一部分。"

魏格恩先生的故事告诉我们，要克服当众说话的恐惧感，可以从一次小小的成功开始。用这次成功暗示自己"我是可以继续下去的"，然后，就可以渐渐克服自己的畏惧心理了。

恺撒是古罗马的统帅，在当年，他统率雄师，渡过海峡，登上英国土地的时候，他是怎样使他的军队充满斗志的呢？原来，他命令全军站在多佛尔海峡的悬崖上，俯瞰六七十米之下的巨浪。大家都看到了，滔天巨浪确实动人心魄。

但是，不对……

士兵们很快发现悬崖下面的很多大船上已经燃烧起来，那些大船不就是他们来时所乘的船只吗？天啊！士兵们这才知道，一旦打了败仗，自己没办法乘船逃走了——这真是一个聪明的办法，因为一旦踏上了敌境，断去了归路后，唯一的求生方法，只有拼命向前冲，尽最大的努力去征服敌人了。

向死而生的人，往往能迸发出巨大的勇气，你为什么不用恺撒的精神，消除掉你惧怕的心理呢？把顾虑烧掉后，才能拥有胜利的信心。

人生的高度，是自信支撑起来的。人与人之间的差别其实不大，能取得成功的人也并不是什么天才。很多时候，我们不是欠缺成功的能力，而是缺少自信。只有敢于迈出第一步，并坚持下去的人，才容易走向成功。输，不丢人；怕，才丢人。认为自己不行，你就真的永远不行。

做自己的情绪女王

> 快乐是有传染性的，只有使别人快乐才能让自己快乐。

很多时候，我们之所以感觉活得很累，并不是世界太刻薄，而是我们太容易被外界的氛围所左右，以致偏离了自己的内心，做了情绪的奴隶。我们的情绪免疫力太弱，很容易被外界感染，太在意外界的目光，太在意别人的言论，太在意自己的形象，于是，慢慢陷于自己编织的心网中不能自拔。

可是你知道吗？谁都不会像你想象的那样在意你，归根结底，你是活给自己看的。所以，不要做情绪的奴隶，而是要做自己的情绪女王。就像村上春树说的那样："你要做一个不动声色的大人了，不许情绪化，不许偷偷想念，不许回头看，去过自己的生活……不是所有的鱼都会生活在同一片大海里。"

有一个人挑着几个水缸去集市上卖，半路上，不小心撞破了两个缸。他勃然大怒，索性把另外两个水缸也踢碎。但水缸飞溅的碎片立刻划伤了他的脚，鲜血直流，这个人只好抱着脚瘫坐在路边懊悔不已。

请看故事中的这个人，本来，他的两个水缸不小心碰破了，的确会让人不爽。但事情已经发生了，最理智的办法只能是丢掉烦恼，继续前进。而他却选择了纵容自己的坏情绪，以致把事情搞得更糟。看来，不控制情绪的结果只会让麻烦变得更多。

情绪这种东西，非得严加控制不可，一味纵容，只会让自己更加消沉。亲爱的女士们，让我们学会控制自己的情绪，用理智去战胜过激的行为。

即使你深陷烦恼中，精神高度紧张，也完全可以凭借自己的意志力来改变你的心境。美国心理学会主席威廉·詹姆斯说过："行动好像是跟着感觉走的，其实行动与感觉是并行的，谁能以意志控制行动，也就能间接控制感觉。"就是说，我们不能指望下个决心就能改变某种情绪，但我们可以改变自己的行为，而一旦改变了行为，情绪就自然而然地随着改变了。

威廉告诉我们："如果你感到不快乐，那么唯一可以做的就是振奋精神，装成快乐的样子。"这个简单的方法真的有效吗？

女士们，我们一起来按照这个方法试一下：脸上堆出一个大大的微笑，直起上半身，狠狠做一个深呼吸，唱首喜欢的歌——如果你唱不好，就哼两句——你很快就能领会威廉·詹姆斯的意思：当你的行动散发出快乐，心理就不可能再颓丧下去了。

这是个能创造生活奇迹的小小秘密，你自己不妨试试看。把紧张的情绪融化在每一刻的放松微笑中。

贝拉·辛普森过着紧张忙碌的生活，每天早晨总是匆匆忙忙起床，匆匆忙忙吃早餐，匆匆忙忙化妆，匆匆忙忙穿衣，然后匆匆忙忙开车上班。开车的时候，她会紧紧抓住方向盘，仿佛稍微一松手就会发生事故似的。贝拉上班时很紧张，总是把日程安排得满满的。上了一天班后，总是感到精神沮丧，筋疲力尽。她觉得自己简直是在慢性自杀，但不知道怎么才能缓解自己的紧张情绪。

贝拉的这种紧张情绪实在太严重了，因此她去底特律的一位十分著名的精神科专家那里接受治疗。

专家要她慢慢来，使自己轻松下来。他建议贝拉随时都要想到轻松——在工作、开车、吃饭、入睡之前的任何时候，都要想到放松。

从那时候起，贝拉就开始练习使自己放松。每天上床睡觉时，她并不急着入睡，而是先使自己的身体彻底松弛，呼吸也趋于平稳。现在，贝拉早上醒来时，总是神采奕奕，因为她得到了充分的休息。她开车、吃饭的心情也轻松多了。虽然贝拉驾车时还是会提高警觉，但不像以前那样紧张。最重要的是，她在上班时，也能使自己松懈下来了。一天当中，她总会隔一段时间就放松一下，停止一切工作，享受一杯水或者咖啡。

结果呢？贝拉的生活变得轻松愉快，她已经克服了紧张的情绪。

即使遇上的情况似乎很难克服，也要面对它，开始奋斗，不要放弃。情绪是可以传染的，如果将快乐的情绪传染给别人，便可以使自己更加快乐。

波顿的老家住在密苏里州的春日镇，9岁时，母亲离家出走，而父亲死于母亲离家3年之后的一次车祸。那时他和别人在密苏里州的一个小镇上合伙经营一间咖啡店，后来合伙人趁他不在的时候把咖啡店卖了，卷款潜逃。得到消息的朋友打电报通知父亲，父亲在仓促中不幸出了车祸，撒手人寰。波顿虽然有两个姑姑，但她们年事已高、身体不便、家境贫寒，只能收留其他三个兄妹，留下波顿和小弟弟没有人收留。多亏镇上的好心人收留了他们。有一段时间，她们寄居在一个穷人家里，但萧条的经济环境使一家之主失业了，波顿她们也失去了食物的来源。还好，有一位七十多岁的罗夫亭先生和太太收留了波顿。

罗夫亭先生送波顿上学了，可第一个星期她就躲在家里哭着不去上学，因为许多孩子故意找她的麻烦，说她是个笨蛋，喊她"小臭孤儿"。这让波顿联想到自己悲惨的身世，她真想去揍他们一顿，但罗夫亭先生对她说："永远记住，面对挑衅能走开的人，要比留下来打架的人伟大得多。"所以波顿忍受了这些，尽量不和人发生冲突。但孩子们的攻击没有因为波顿的忍让而停止下来。波顿十分喜欢罗夫亭太太给她买的一顶新帽子。然而有一天，有个大女孩将她的帽子扯了下来，在里面装满了水，把帽子弄坏了。波顿特别伤心，忍不住号啕大哭起来。

看到了这种情况，罗夫亭太太对她说："波顿，哭是解决不了问题的。你哭，他们反而会更喜欢招惹你。如果你能对他们表示出友好的情绪，同时注意自己能为大家做些什么，他们也许就不会来挑逗你，喊你'小臭孤儿'了。"波顿接受了她的建议，不再一天到晚抱怨这个世界无法让自己开心，而是尝试着将敌人变成朋友，并且更加努力地读书。

波顿成为班上的第一名后，开始帮助同学提高他们的写作能力，并且替他们写完整的读书报告。从那以后，孩子经常借口去抓老鼠，一溜烟儿跑到罗夫亭先生的农场里，将狗关在谷仓里，然后让波顿教他们读书——他们都觉得这样做很快乐。就这样，大家渐渐都喜欢上了波顿，把她当成朋友，再也没有人骂她'小臭孤儿'了。

快乐是有传染性的，只有使别人快乐才能让自己快乐。要想做到这一点，就得拥有一种内在的力量，做自己的情绪女王，掌握自己的情绪，努力地去完成自己的目标和任务，从每件事情中看到快乐，与每个人分享自己的快乐，自然就不会再因为外界的臧否而影响自己的心情了。

用一粒种子改变世界

> 一切的财富，一切的成就，最初都只是一个念头而已。

我认为人最可怜的一件事就是，大家都有拖延症，不肯去积极地投入生活。我们向往着天边有一座奇妙的玫瑰园，却从不注意欣赏今天就开放在窗口的玫瑰。

钢铁巨头安德鲁·卡耐基的秘密口诀是："一切的财富，一切的成就，最初都只是一个念头而已。"念头或者说思维能够指导我们的行为，而行为养成习惯，习惯铸就性格，性格决定命运。一种积极的心态可以让卡耐基从贫穷和阴暗中崛起，建立一个钢铁王国；一粒种子可以让旺加里·马塔伊将荒芜的家园改变成生机勃勃的田野。

获得诺贝尔奖，对一个人来说是多么崇高而又难以企及的人生目标！谁能相信，有人竟因为在自己家的后院里栽了9棵树而获得了诺贝尔和平奖？旺加里·马塔伊却完成了这样的传奇。

旺加里·马塔伊出生在肯尼亚的一个群山环绕，绿树成荫的小村庄。她的父母是普通的农场工人，而她，则是个再平常不过的普通黑人女孩。由于学习十分刻苦，她的成绩一直很优秀，甚至成为第一个进入专为白人开办的利木鲁洛雷托高中的黑人女生。后来，她赴美留学，成为匹兹堡大学的生物学硕士。留学归国后的马塔伊，成为东部非洲的第一位女博士、第一位女讲师和女副教授。但离开繁华都市回到阔别已久的家乡后，马塔伊发现，家乡已经不是记忆中的样子了。

她的家乡肯尼亚高地原本无花果树漫山遍野，无数的鱼儿游动在溪流中。但是马塔伊发现，如今村里的树木消失不见了，花园已经荒芜，而人们营养不良，变得面黄肌瘦。

原来，如同其他发展中国家一样，贫困与人口膨胀成为肯尼亚自然环境的沉重负荷。为了索取燃料、为了开垦农田，穷苦的人们肆意砍伐树木。在肯尼亚，妇女的工作就是捡拾柴火，她们常常早上带着一把小斧头出门，砍够了柴火就背回家生火做饭。随着树木一点一点地消失，动物与许多植物也开始消失；因为缺乏树木的保护，地面表土遭雨水侵蚀，土中养分全被冲走；自然环境的退化加深了贫困的恶性循环，又带来水源短缺、食物匮乏之类问题。

马塔伊目睹这一切，内心充满痛苦。她深深担忧，生态环境的恶化会给肯尼亚和整个非洲带来灾难性的影响，但如何仅凭一己之力重建那些树木，恢复美丽的花园和人们的健康呢？

她做的第一件事，就是和家人一起，在自家后院里栽了9棵树。接着，她在媒体撰写文章，号召妇女从"砍树者"变成"植树者"。后来，她成立了环保组织"绿带运动"，邀请附近的女人一起参加，同她一起与乱砍滥伐行为做斗争，具体方法也很简单，就是：植树。"栽一棵树难吗？"她在每次的演讲开头都这样问："这不过是举手之劳，我们为什么不做一下呢？"

那些身着花布的肯尼亚妇女在她号召下参加植树运动的画面，很快成为肯尼亚一道靓丽的风景线，漫山遍野的人头攒动之后，留下的是一排排树苗的诞生，一面面山坡由黄变绿。绿色渐渐从马塔伊的家蔓延到整个村子，蔓延到一个县、一个省，蔓延到整个肯尼亚，再蔓延到整个非洲。

马塔伊给参加植树的妇女提供一小笔金钱的补贴，还为她们的丈夫、孩子提供扫盲的机会，既养了家，又种了树，还获得了教育的机会，这让参加种树的妇女们获得了成就感和尊严感。

三十多年来，马塔伊坚持不懈地动员非洲妇女在肯尼亚及非洲其他地区种植了3000多万棵树，并且，越来越多的妇女和学生加入到种树的行列中，她们从中学习到可持续生活的概念，不止这样，她们还开始利用《地球宪章》的伦理框架，着手解决当地的社会问题。

马塔伊没有想到，就因为她在自己家后院里栽下了9棵树，从而在整个非洲发起广泛的植树运动。

许多国家纷纷效仿，一个原本只在马塔伊自家后院展开的环保活动，已经变成一股全球性的洪流。

巨大的成就，让马塔伊走上了诺贝尔奖颁奖台，获得了诺贝尔和平奖，成为自1901年诺贝尔奖设立以来，获得该奖的第一位非洲女性。

马塔伊说："我们每一个人都能有所贡献。我们往往放眼庞大的目标，却忘记无论身在何处，都可献上一份力量……有时我会告诉自己，我可能只是在这里种一棵树，但试想一下，如果数十亿人都开始行动的话，这将产生何等惊人的结果？"

雄心壮志是由成百上千的"小理想"组成的，正是这一个个不断被实现的小理想，最终融合成更为高远的人生。女士们，无论你的理想多么简单，无论你的境遇如何落魄，都不能不在心间铸个理想，一个没有理想的现实是难以忍受的，但理想有时候没有想象中的那么大，或许就从种下一粒种子开始。当你开始尝试攀爬第一层阶梯时，可能暂时感到无力，然而，当你到达时，你就可以把下一个阶梯作为目标，接着第三个台阶，然后一步一步往上攀爬。

现实中，能真正撷取理想之珠的人不多，但只要心中怀有信念，所有的人都可以将理想现实化。我们可以在心底种下一粒理想的种子，让人生从沉寂中升华，在平凡的生活中，过起属于自己的人生。

操心操力不如没心没肺

> 消除忧虑的最好办法，就是让自己忙起来。

　　我们都知道，烦恼就如同堆积在心底的垃圾。有形的垃圾容易清扫，无形的垃圾最难处理。在日常生活中，大多数人之所以烦恼，都是因为自己看不开、放不下，一味固执地钻牛角尖造成的。特别对于女人来说，想要变得丑陋，变得神经质，变得人人避之唯恐不及，最好的办法就是让自己烦恼起来，一个愁容满面的人，无论如何也不会变得好看起来。

　　对想变得更好看，更受欢迎，更活泼的女人来说，操心操力不如没心没肺，只有丢掉烦恼，才会迎来生命的云淡风轻。

　　詹姆斯·马歇尔是哥伦比亚大学的教育学教授，他说："最感到烦恼的时候，不是在工作时，而是在下班以后。这时你的想象开始混乱，会夸大每一个小错误，混乱的思想就像一辆空车，横冲直撞，直至把自己也撞成碎片。消除忧虑的最好办法，就是让自己忙起来，去做任何自己觉得有意义的事情。"

　　这道理是如此的浅显，即便不是教育学专家的人也都明白。

二战期间，我曾在火车上遇到一对来自芝加哥的夫妇。他们告诉我，他们的儿子在珍珠港事变的第二天参加了陆军。于是那位夫人开始了忧虑的生活，因为整天担心儿子的生命安全，几乎把身体拖垮。

我问那位夫人，你后来是怎么克服忧虑的呢？她回答说："我让自己忙个不停。"

一开始的时候，她只是辞退了女佣，想让自己陷于家务的劳碌中，可遗憾的是，这样做并没什么效果。这位女士想：这可能是因为做家务完全不用动脑子，即使洗的碟子再多，还是可以一边忙，一边愁个没完。所以，这位女士决定出门找一个工作，让自己的身心全方位忙碌起来。于是，她到了一家大百货公司去做售货员。

"这下好了"，她笑着对我说："顾客挤在我四周，七嘴八舌地问我商品的价钱、尺寸、颜色、注意事项等问题，没有一秒钟的空闲能让我去想工作以外的事情。下班的路上，我只想着怎样才能让双脚休息一下。吃完晚饭后，我累得倒头便睡，既没有时间，也没有体力再去担心了。"

遇到痛苦，不烦恼，遇到快乐，不贪图，这是有智慧的人；有了烦恼，能够主动摆脱，这便是聪明的人。耶鲁大学教授、著名的文学评论家威廉·利昂·菲尔普斯教授和我说，他懂得四招"驱烦大法"。

第一、保持热情。

威廉在24岁时突然得了严重的眼病。看书不到五分钟，眼睛就会像扎满了针似的疼痛难忍。即使是不看书，眼睛对光线也十分敏感，以至于不敢直视窗口射进来的阳光。威廉跑遍纽海文市和纽约市最著名的眼科医院，但病情丝毫没有好转。每天下午4点以后，他只能躲在最阴暗的角落，等待黑暗的来临。

威廉简直痛苦极了，十分担心自己会由此失去教师的工作，担心自己为了糊口，不得不去偏远的地方当一名伐木苦力。接着发生的一件不可思议的事，充分显示了意志对于身体的巨大影响。

那个冬天，威廉眼睛的情况更加恶化，而他还是接受了去一个大学团体发表演讲的邀请。

那所演讲大厅的天花板上悬着许多盏吊灯，强烈的灯光刺得威廉的眼睛疼痛极了，在自己上台演讲之前的那段时间里，威廉不得不紧紧盯着地板。奇怪的是，在那30分钟的演讲过程中，他却完全没有感觉到眼睛的疼痛，并且可以不费力地直视明亮的大吊灯。然而，演讲结束后，威廉的眼睛又开始疼了。

为什么会这样呢？威廉想，这大约是自己演讲的时候专心致志，没去理会自己眼睛的缘故吧！威廉由此得到启发，如果全身心地做一件事，不仅仅是短短的30分钟，而是用一个星期，或许他的眼疾就可以痊愈。后来的事实证明，心理上的兴奋是完全可以战胜身体的不适的。

还有一次，威廉乘船跨越大西洋，突然他的腰部剧痛，站不直身子，简直根本没办法走路。但就在这个时候，有人邀请他在甲板上发表演讲。他演讲的时候，奇迹产生了，所有的疼痛都不复存在了。威廉站得笔直，情绪激昂地讲了一个钟头。演讲结束之后，他还轻松自如地走回自己的房间，觉得自己好像痊愈了。但是，那股兴奋的劲头一过，腰痛又开始了。

这些经验使威廉深深领悟到心理作用的重要性。从此以后，他开始充分地享受生活，将每一天当做自己生命的第一天以及最后一天。对于新奇和充满冒险精神的每一天，他都兴奋不已，而一个心情激昂的人，是永远不会有烦恼的。

他开始热爱自己的教学工作，在他看来，教学不仅是一种工作，还是一种艺术，更是一种爱好。威廉喜爱教学，如同画家喜爱绘画，歌手喜爱唱歌一样。每天清晨起床之前，想到自己的学生，他的心里就充满了无限的喜悦。他开始坚定地相信这句话：成功的最大因素就是保持热情。

二、阅读一本好书，可以将烦恼抛到九霄云外。

在威廉59岁那年，很糟糕的一段经历让他的精神几乎陷入崩溃。为了转移注意力，他开始阅读大卫·威尔逊的作品《卡莱尔的一生》，他认真阅读的时候，精神得到了舒缓，扭转了消沉的情绪。

三、当心情沮丧时，从事剧烈运动。

忧愁的时候，威廉会在清晨打五六场网球，然后洗澡、吃饭，下午再打18洞的高尔夫球。周末则会跳舞一直跳到凌晨一点。他用汗水让沮丧和忧愁统统流光。

四、避免匆忙，不在过于紧张的情绪下工作。

韦伯·克洛斯在做康涅狄克州州长时，曾对我说："当我面对繁杂的工作时，我会松弛一下，哪怕坐下来抽会烟，整整一个小时，什么事也不做。"

——我打算学习一下这种生活哲学。我懂得耐心和时间对于帮助消除烦恼大有裨益。当我因某事而烦恼时，我会从正面的角度来看待这些烦恼。我会对自己说："两个月之后，这些烦恼都会消失殆尽的，现在我又何必为之烦恼呢？烦恼真正来临后再发愁也不晚，是吧？"

前奥运会轻重量级拳王文迪·伊甘则认为，当肉体累了，精神也会疲倦。当烦恼时，不妨多做些运动，少用脑筋，其解除烦恼的效果会令你惊讶不已。

文迪发现，当自己烦恼的时候，思想就像急切寻找水源的埃及骆驼那样，会绕着圈子转个不停，而激烈的体能运动可以来帮助自己驱逐这些烦恼。

这些活动既可以是跑步，也可以是去乡村远足，还可以是打沙袋，或去打打网球，或者去高山滑雪。无论具体选什么，体育活动总能够使我们的精神为之一振。当肉体疲倦时，精神也随之得到休息，再度回到工作岗位时，就会神清气爽，充满活力。

在运动面前，烦恼的大山很快就变成微不足道的小山丘了，烦恼的最佳"解药"就是让自己忙起来，或者去运动一会儿。在烦恼面前，没心没肺也没什么不好，毕竟这能让自己少烦恼一些，否则内心只会在绝望中挣扎。

别让对未知的恐惧，挡住你的目光

> 只要还活着，你就是世界上最幸运的人。

一块硬币最吸引人的状态是什么？不是它静静地躺在钱包里的时候，也不是你在便利店里买了一块面包，将钱交到售货员手上的时候，而是当你将它抛向空中，在坠地的刹那，它像陀螺一样转动的时候。因为，没有人会知道，当转动的钱币终于躺在地上的时候，朝上的是哪一面。

它跟我们的人生如此相像：你永远不知道下一秒将面临怎样的际遇，永远不知道在下一个转角你会遇到谁。你永远不知道前方等着你的是快乐还是痛苦，是幸运还是悲痛。

就在这万分的不确定之中，人们对即将到来的一切，充满期盼和不安，充满期待和担忧。但是亲爱的，别让对未知的恐惧，挡住你的目光。殊不知，只要还能行走，能吃饭，没有大病大痛，你就是世界上最快乐的人，只要还活着，你就是世界上最幸运的人。

凯瑟琳·哈尔特是我培训班中的一名学员，她是密苏里州的一名音乐教师。她由一个充满恐惧的孩子，渐渐变成一名沉静而坦然的女性，她是怎样转变的呢？

凯瑟琳女士说："小时候，我感觉生活中充满了恐惧的气氛。我的妈妈有心脏病，常常会晕倒在地。我们这些小孩子都很担心，害怕她有一天会突然死去。在我幼小的心目中，那些失去母亲的小女孩都会被送进位于密苏里州法林顿镇的卫斯理中心孤儿院，那里离我家很近，那家孤儿院留给我的印象是阴森荒凉的。一想到自己将被送到那里去，我就更加害怕了。于是我在6岁时就经常祈祷：'亲爱的上帝，请让我的母亲继续活下去吧，直到我长大了不用去孤儿院。'"

凯瑟琳长大后才觉察出，自己童年时的恐惧其实是一种对未来的恐慌。但事实上，妈妈虽然病病歪歪，却一直坚持活了下来，而自己在担惊受怕中长大，白白忍受了那么多的折磨。

20年后，凯瑟琳的哥哥梅勒受了很重的伤，他没办法活动，甚至不能自由地在床上翻身。为了减轻他的痛苦，凯瑟琳必须每隔三小时为他注射一次镇痛剂，二十四小时不能间断，白天晚上都是如此。

凯瑟琳当时在镇上的卫斯理中心学院做了一名音乐教师，每当邻居们听到哥哥痛苦的呼喊声的时候，就会将电话打到学校来。每逢那个时候，凯瑟琳就得立刻放下教鞭赶回家，为哥哥注射一针。

每天晚上睡觉之前，凯瑟琳都会将闹钟拨到三个小时之后，以便到时候起床服侍哥哥。她依然还记得，在冬天的夜晚，她总是将牛奶放在窗外，让它结冰，变成自己最爱吃的冰淇淋。每当闹钟响起，窗外的冰淇淋也成了鼓舞她起床的另一个动力。

面对照顾家人这件事，凯瑟琳发现，自己已经不像童年时那样恐惧，每当恐惧来临时，她的内心还会滋生出一种勇气和智慧，来抗拒这份恐惧。

生活环境虽然不太好，但凯瑟琳从不让自己陷入自怨自艾中，她希望日子能变得好起来，心情能变得好一些。为此，她采取了两项有效的行动。

首先，凯瑟琳让自己变得十分忙碌，她每天会花上12至14个小时去教音乐课以及进行相关的准备工作，根本不让自己有时间去思考那些忧虑的事情。每当难过时，凯瑟琳就会一遍又一遍地对自己说："听着，凯瑟琳，只要你还能走路，能吃饭，身上没有大病大痛，你就是世界上最快乐的人。无论遭遇什么困难，只要你还活着，你就是最幸运的人，千万不要忘记这一点！"

其次，凯瑟琳总是为自己的幸福而感恩。每天早晨醒来，她都要感谢自己能走下床，走向厨房，为自己和家人准备早餐。凯瑟琳不再为没有发生的事情而恐惧，她觉得，尽管自己遭遇了许多困难，但依然是密苏里州法林顿镇最快乐的女人；虽然自己并没有获得多大的成就，但却成功地使自己成为镇上最懂得感恩的女人……在凯瑟琳的同事中，几乎没有人能像她这样对生活充满了希望。

使自己保持忙碌，没有时间烦恼；对自己的幸福心存感激之情。亲爱的女士们，这位密苏里州的音乐教师向我们提供的两个原则，也许对你同样有用。趁着现在，趁着你还健康，趁着你拥有的尚未失去，趁着你喜欢的还在身边，让我们对生活心存感恩，因为这些都是老天的眷顾，生活并没有给我们更糟的另一面。

罗威尔打字机公司海外部经理乔瑟夫·里恩，在一件诉讼案中出庭作证时，由于心情烦躁，加上高度紧张，在离开法庭回家的途中，突然心脏病发作，疾病和紧张让他几乎喘不过气来。

一回到家，乔瑟夫就晕倒在客厅的沙发上。医生为他打了一针，但是好像没什么用。当乔瑟夫从昏迷中清醒过来时，发现牧师正在准备为他做临终洗礼。

看到家人脸上流露出的悲伤神情，乔瑟夫知道自己最后的时刻已经来临——他觉察出自己的心脏几乎停止了跳动，自己说不出话来，甚至连手指头都动不了。医生让乔瑟夫的妻子做好足够的心理准备——因为他完全可能在二三十分钟之内死去。

乔瑟夫不是虔诚的教徒，但他懂得这句话：不要和上帝争什么。所以他干脆闭上眼睛对自己说："该来的总会来，那就来吧。"

想到这里，乔瑟夫的身心似乎全部放松了，恐惧感也完全消失了，他甚至能镇静自如地问自己，接下来会不会更糟？是不是会来一阵心脏痉挛，一阵剧痛，然后一命呜呼？乔瑟夫甚至想象起自己怎么去和上帝聊天……就这样过了一个小时，疼痛逐渐消失了，他竟然缓过来了。

随后，乔瑟夫问自己：如果能继续活着的话，我将如何生活？他给自己的答案是：我将努力地恢复健康，永远不再用紧张和烦恼来毁灭自己，我要拥有重建自我的力量。

后来，他恢复得很快，并且变得不再烦恼，对生命也有了新的感悟。

乔瑟夫想：如果我不曾在死亡线上挣扎过，不曾懂得不焦虑的重要，恐怕早已不在人世，早已死于自身的恐惧和惊慌之下了。

共情，学会最简单的温柔

> 让我们学会善意，学会最简单的温柔。

一滴蜜可以捉到的苍蝇，远比一加仑毒汁所能捉到的多。做事善于运用技巧，就会得到事半功倍的效果。

找出双方的共通点，便是一种简单的温柔，不折磨自己，不伤害别人。宋文哲说："共情是心理学的术语，指的是一种能深入他人的主观世界，了解其感受的能力。如果我们可以在生活中做到共情，那么可以收到异乎寻常的效果。"

科罗拉多州的煤铁公司发生了严重的工潮，劳资双方发生了流血的惨剧。作为大股东的石油大王洛克菲勒成了众矢之的。主管这家煤铁公司的人是洛克菲勒的儿子小约翰·洛克菲勒，尽管事情发展到了这种地步，他还是想和工人交流一下，准备去说服他们，劝他们能够听从他的想法、接受他的意见。

小约翰·洛克菲勒知道和工人谈话时，首先一定要让工人们消除掉对他的恶感和敌对的意识，因此，他决定一开始就拉近与工人的关系。

于是，小约翰·洛克菲勒一开口就讲得非常诚恳，他说："工友们！在我的一生中，今天是个最值得纪念的日子，我觉得十分荣幸，因为我能够在这里和诸位相见。两个星期之前，我和大家彼此之间还很陌生，我只认识你们其中的少数人。但就在上星期，我曾经到煤矿南部的各个家属院看了一遍，和诸位代表都见了个面，并且都进行了个别谈话；我拜访了诸位的家庭，见了诸位的妻儿老小，他们很有礼貌地接待我，没把我当外人看。所以我们今天在这里相见，已经不算是陌生的朋友了。我深深祝愿，我们之间能本着这份情谊，来讨论我们双方的共同利益！"

这一场开场白是多么的机警而圆滑，缓解了紧张和仇恨的气氛，获得了体谅和尊重。没有质问工人们为什么用罢工的手段来要求提高待遇，没有制造进一步的对抗。之后，工人代表们听取了小约翰·洛克菲勒的解释和意见。

朗·霍尔说：外表看起来像敌人的人，内心却不一定是，我们和其他人的共通点比我们想象得还多。

假如你想让人们都赞同你，那么你首先要让他们能够相信你的话，同时你也要让他们相信你是最忠诚的朋友，这样就能够抓住他的心，同时也能让对方听进去你的意见。只要你能运用好这个秘诀，你便会很容易地得到大家的赞同——当然的，你的意见一定要公正才行。

林肯在竞选美国参议院议员的时候，在当时还被认为半开化的伊里诺州南部进行演说，争取选票。那个地方的人民以粗野的作风闻名全国。他们会公开携带武器，还特别痛恨那些反对奴隶制度的人，就像他们爱喝烈性的威士忌和喜欢打架一样，这一切成为深入骨髓的一种性格。

由于反对林肯废奴的主张，他们准备联合那些外地的畜养黑奴的恶霸一起捣乱。事先，他们放出狠话，说如果林肯再在当地演讲的话，他们就会立刻把这个主张解放黑奴的人给驱逐出场——何去何从，让他掂量着办吧！

林肯早就听说了这个恫吓，他也知道这里情势紧张，一触即发，可他却说："只要他们肯让我说几句，我就可以说服他们。"

于是，林肯在开始演讲之前，先去拜访了当地反对者的首领，和他就像老朋友一样热烈握手。在接下来的演讲中，林肯用亲热的语言来谈论彼此之间共同的东西。林肯说：

"南伊里诺的老乡们，肯特基的老乡们，密苏里的老乡们！听说在场有几个人想要和我过不去，我实在想不明白他们为什么要这样做。因为我和你们一样，都是爽快人，有话就想说，不愿意憋在肚子里，可是为什么不让我和你们一样有发表意见的权利呢？老乡们，我并不是来干涉你们的，我也是咱们这里的人。我生于肯特基州，长于伊里诺州，和你们一样，都在这艰苦的环境里挣扎过呢！

"我有不少南伊里诺州的人和肯特基州的朋友，我还想和密苏里州的人交朋友，因为咱也是个老百姓，不和老百姓交朋友还能和谁交朋友？很多人都了解我的这个想法，也有很多人不知道这个情况。如果他们真的了解我的话，他们就会知道我不是那种专门对老百姓过不去的坏家伙，他们就不会还惦记着要干掉我了。

"老乡们，让我们以朋友的态度来交往。我立志做一个最友好的人，绝不去损害任何一个人，也绝不去干涉任何一个人。我现在诚恳地对你们要求，你们能让我把这几句话说完，最好是你们能静下心来细听。你们是那么的勇敢而豪爽，这一点要求你们是绝对不会拒绝的，是不是？现在让我们诚恳地讨论解放奴隶这个重大的问题。"

林肯说话时的表情非常和善，态度也那么的恳切，所以这圆转而妥善的开场白，竟然平息了将要掀起的狂涛，他的演说得到了现场很多人的大声喝彩。从此，这里的大部分人都变成了他的拥护者，最终他能当选总统，据说获得了那些粗鲁群众的很多帮助。

女士们，或许有人要说："找到共通点的确十分有趣。但是，我用不着对一群罢工者讲话；也不是林肯，用不着去和一群带着武器的莽汉说话，你说的这些和我们有什么关系呢？"不错，不过你想没想过，你是不是差不多每一天都和与你意见相反的人谈话？你不过是在家中或是办公室或是市场上总在想方设法让人赞同你的意见？你的方法要不要改善？你自己说的话是能表现出林肯式的机智？还是洛克菲勒的圆滑？如果真是那样的话，相信你是一位非常精干的人。

有很多人从来不去想了解别人的意见和欲望，也不去寻找和人家共同的心理，只管发泄自己的见解。很多人一张嘴就说一些容易引起争端的言论，一开口就说自己的坚决主张。没有一点能够改变的余地，但同时又希望对方舍弃原有的主张来赞同自己。结果，肯定是没有一个人被他说服，相反，对方早已经准备好从各方面去反击了。

他们没有看到共情的力量，太着急去证明自己是对的，别人是错的了。

其实每个人说的话都是有道理的，每个人的话是建立在自己几十年的人生经验的基础上，一旦你能站在对方的立场上，你就能理解对方。

每个人的心里都有自己的是非标准，当对方说的不合自己的想法时，就忍不住想反驳——这也就是共情的难度之所在。能注意倾听并理解对方的想法，让对方相信我们不是为了反对他，对方就会比较容易地接受我们的建议了

林肯说："我开始辩论的时候，首先要找出一个对方赞同的立场。只有这样，才是获得胜利的最佳方法。"

林肯很多发言的话题都很棘手，是很容易惹怒一批人的，但是他总能用这个方法获得胜利。在谈话的前半小时内，林肯所讲的每一字每一句都对敌方表示非常同情，以后，再慢慢地指引他们，逐渐把他们引进自己的思路里。

认同是最简单的温柔。村上春树说：善恶并不是一成不变的东西，而是不断改变所处的场所和立场……平衡本身就是善。让我们学会善意，学会最简单的温柔。

PART 4

痛苦的将就不如痛快的分手

谈一场永不分手的恋爱

> 男人只懂得人生哲学，而女人却懂得人生。

在人间、地狱和天国这三个传说中的世界中，男人一会儿下地狱去悲观，一会儿上天国去空想，唯独不肯踏踏实实待在人间。男人苦苦地寻求精神上的故乡，女人却不寻求，因为她自己就是精神故乡。在这一点上，有人说：男人只懂得人生哲学，而女人却懂得人生；人生不过如此，且行且珍惜。

爱情就是两个人的世界，能不能谈一场永远的恋爱？我们应该怎样维护好自己的小天地？秘诀就是，尽量理解，尽量简单。

适应一份盘旋的激荡

女人几乎不会因为一时兴起而做任何事，因此，男人永远也不会了解，为什么当自己临时决定到乡下度周末时，女人经常借口没有合适的衣服而拒绝前往。其实这是出于女人做什么都喜欢提前计划好的原因。

虽然男人突如其来的想法会让满是理性的女人感到烦，但是，亲爱的，偶尔尝试一下新鲜的做法也没有什么损失。毕竟，

"一起"比"单独"要动人得多，女人不妨偶尔适应一份盘旋的激荡。

有一个适应能力很强的女士，她丈夫的爱好是短途旅游，常常对她说这样的话："亲爱的，准备一下，明天早上我们将去百慕大度假。"面对突如其来的决定，她是不是先抱怨半天？不。她马上将泳装放进手提箱，将小鹦鹉托付给邻居照顾，就等着第二天早上出发了。她对我说，收拾东西很简单，任何一个女人都会做。

对付男人的一大法宝是适当顺应他的心情。男人想到一个主意时往往会马上将它付诸行动，他们最气恼的是，心爱的妻子反对自己这个很棒的想法——但拥有适应能力的女人，已经在如何与男性相处的问题上抢占了先机。

相信他比你想象中的还能干

一个女孩由于自己的能干，失去了一个很合适的男性的青睐。

这位能干的女孩是一名主管，分配任务、制订计划的工作，做得非常得心应手。但在恋爱场合里，她却总是一败涂地。

她无奈地回忆，当男朋友刚刚打开雨伞，她已经叫来出租车；电梯的按钮总是由她来按；晚餐时她会禁止男朋友点肝脏和熏肉，因为他的血脂不太正常……

她太能干了，能干得让他从没有机会为她拉开椅子或脱下外套。最后的结果是，他离开了她……

想想现在的女人真可怜，当一个满意的男性出现时，她既要有一个懂事的性格，又必须牢记自己还是个娇弱的女孩。

现在的男人仿佛已经被完全惯坏了，鱼和熊掌都想兼得，要求女性既有足够的魅力，同时又有做事的头脑，必要的时候，还要拿出收入支持他建立家庭或事业。

其实，交往的时候，成为男人心目中理想的女性并不难，那就是切换好自己的角色。在上班时尽量表现出自己是老板不可或缺的得力助手，但在下班以后就不能以同样的面貌出现，否则你的男朋友会觉得和他约会的是一部机器，而不是一个活生生的女性。

劳拉年轻的时候，有一个男孩迷上了她，在某段时间内会经常护送她。那段时间，劳拉突然迷上了政治，所有的休闲时间都用在帮人竞选或参加集会上，要不就跟男友讲述某法官荒唐的言论，还兴致勃勃地向他说明政府行政管理上出现的问题。

时间一长，男孩忍无可忍地抱怨说："如果我想弄清楚一项政治活动，我会给国会议员写信。在这之前你还是个女孩，现在则是一份政治活动的传单。我需要的不是传单，而是一个能让我感到轻松愉快的好女孩。"

让我们开始想象，对方其实比自己想象的还要能干，尽量多给对方一些表现的机会，不要扼杀他们的保护愿望，保全他们在女孩面前全知全能的本事吧！

庆幸自己是女人

男人和女人不应因为性别不同而发生争论。我个人认为，发明"两性战争"这个词的人一定是个战争鼓吹者。无论如何，一个女人如果认为所有的男人都不是好人，觉得自己总是受到欺骗，用她自己的话说就是："我恨透了他们，才不在乎呢！"那么她很难得到男人的喜爱。

女人首先要乐于当一个母亲，才能和男人达成一种重要的关系。同时，女人必须尊重自己的基本功能，承认母亲在人类生活中担任着特殊角色这个生物学上的事实。

我认识的很多女性都有非常成熟、非常迷人的魅力。同时，我也认识一些喋喋不休地抱怨的女性，她们时常发出"女人就是命苦"、"造物主创造男女时确实偏心"之类的议论。

愉快地接受自己的性别，正确看待这种性别的差异，这种态度才是健全的，同时也是成熟的表现。如果没有这种基本的接受，男女之间就谈不上幸福，人生中最重要的婚姻领域也会无一例外的沦为战场。

怎样才能谈一场不分手的恋爱？那就是，尽量简单，尽量看开。爱情不是去爱一个完美的人，而是用一段时间去明白，对方是个不完美的人。承认我们都不完美，然后去试着理解对方的那些缺点，并与那个虽然也看到自己的一身缺点，却仍然爱自己的人携手前行。

人生的路，只有经历过，才知道有曲有直，有短有长。而在生命的浮沉中，才能体会"山重水复疑无路，柳暗花明又一村"的豁然开朗。

交流才能交心，交心才能交易

你为什么不用同样的道理去"钓"一个人呢？

不站在对方的立场上想问题，你永远不知道自己错在哪儿。

松浦弥太郎说过："建立好的人际关系，不是要你一一提点朋友'你应该这么做'或是'不要做傻事了'，而是尽可能从对方的立场来思考。最笨的做法就是，不好好观察对方，以自己的意见作为别人的意见。"

一头猪、一只羊和一头奶牛被关在一起。有一天，主人要将猪从畜栏里捉出来，只听得猪惨叫不已。绵羊和奶牛抱怨道："喊什么喊，我们也经常被人捉走，但都没像你这样大呼小叫的。"猪听了回应道："捉你们和捉我完全是两回事，人类捉你们，只是为了薅毛、挤奶而已，但捉我的时候，却是想要我的命、吃我的肉啊！"立场不同，所处环境不同的人，是很难了解对方的感受的。因此，对他人的失意、挫折和伤痛，没有换位思考，便难以一颗宽容的心去理解他人。

拿我自己来说，每年夏天我都去钓鱼，都要为鱼儿们准备一些诱饵。用什么做鱼饵呢？我个人很喜欢吃杨梅和奶油，可是我不会傻到拿那些去做鱼饵；我会去了解水里的鱼爱吃什么，然后去准备一些合它们胃口的小虫，当我去钓鱼的时候，总要在钓鱼钩上挂一条小虫或是一只蚱蜢，放下水里，向鱼儿发出致命的诱惑："嗨！快来享受美味吧！"

你为什么不用同样的道理去"钓"一个人呢？为什么我们只谈自己想要的呢？你觉得那是孩子气的，没必要的？当然，你注意你的需要，你永远在注意。但别人对你却漠不关心。要知道，其他人都像你一样，他们关心的只是他们自己。世界上唯一能影响对方的方法，就是谈论他所要的，而且还告诉他，如何才能得到它。

明天你要别人做些什么时，你可以这样试一试。例如，如果你不愿意你的孩子吸烟，你不需要狠狠教训他，只需要告诉他，吸烟可能让他参加不了棒球队，或是不能在百米竞赛中获得胜利就行了。

不论你是应付孩子，或是一头小牛、一只猴子，都可以用这个方法。

有一次，著名作家爱默生和他的儿子，要把一头小牛赶入牛棚，他们犯了一般人所有的错误，只想到自己所需要的，没有想到那头小牛的感受。他们一味驱赶，爱默生使劲推，他儿子拼命拉。而那头小牛正跟他们一样，也只想它自己所想要的，所以坚决不挪步，拒绝离开那块草地。

就在双方僵持不下的时候，来了一位爱尔兰女佣人，这位女士虽然没什么高深的文化，却比爱默生更懂得牲口的感受和习惯。她猜到了这头小牛的需要，然后把她的拇指放进小牛的嘴里，一面让小牛吮吸她的拇指，一面缓慢而慈爱地引它进入牛棚。

站在别人的立场上看问题，是你不得不做的事情，要知道，从你来到世界上这一天开始，你的每一种举动，出发点都是为了你自己，都是因为你需要些什么才做的。

即使你捐款做善事，又如何呢？是的，那也不例外，你捐给红十字会一百元，是因为你要行一件善事，因为你要做一件神圣的事……或许是你不好意思拒绝，或许有重要的人物邀请你捐款。但有一件事是确定的，你捐款，是为了满足自己的某种愿望。

哈雷·欧弗斯屈脱教授，在他的《影响人类行为》一书中说："行动是由我们基本欲望所产生的……对于未来想要说服人家的人，最好的建议，是无论在商业中、家庭中、学校中、政治中，都要先激起对方某种迫切的需要，若能做到这点就可左右逢源，否则就到处碰壁。"

安德鲁·卡耐基早年是个贫苦的苏格兰儿童，当时他工作的酬劳，每小时只有两分钱，可是后来捐助给慈善机构的钱有三亿六千五百万元之多。他成功的秘诀之一就是知道了要满足对方的需要。他只受过四年的学校教育，可是他学会了如何处理人际关系，知道说什么别人最感兴趣。

有一次，安德鲁的嫂子为她的两个儿子急病了，这两个孩子在耶鲁大学念书，家里人给他们寄去了信，可能由于他们自己事情很忙，总忘记回信，却没有想到这样一来，把家里的母亲急坏了——母亲还以为他们出了什么事呢！

安德鲁知道这件事后，就给两个侄儿写了封家信。他在信的最后附上一句，说是给他们每人寄上五元钞票一张——可是，他并没有把钱装入信封。

这招果然很奏效。回信很快来了，两个侄儿谢谢他们的叔叔，同时问候自己的母亲，当然也在信中带上这样一句：钱没有收到。

明天你要劝说某人去做某件事，在你尚未开口前，不妨自己先问："我怎么做才能使他要做这件事？"这个问题可以阻止我们在匆忙的情况下去见人以及毫无结果的会谈。

我曾经租用了纽约一家饭店里的大舞厅举行一项演讲研究会，每一季度只需要用二十个晚上。

一天，我突然接到那家饭店的通知，要我付三倍的租金。可是我接到这项消息时，这次演讲研究会的通告已经公布，入场券也已经印发完毕。

我当然不愿意付出增加的租金，可是，去找饭店谈判的话，又有什么用呢？他们所注意的只是他们所需要的……犹豫了两天后，我才去见那家大饭店的经理。

我对那位经理说："我接到你的信时，感到有点惶恐，当然我不会怪你，如果我们交换个位置，可能我也会写出这样类似的信。你做经理的职责，就是如何使这家饭店盈利，如果你不这样做，恐怕你就会被撤去这个职务。如果你是坚持要加租的话，我们可以在一张纸上，列出你这样做的利和害。"

于是我拿了一张纸，沿着纸的中心划出一条线，一边写上"利"，另一边写上"害"。

我在"利"的那一边写上："舞厅空着"几个字，然后说："你可以自由地出租舞厅，作跳舞之类的聚会之用，那是一项很大的收入。那样做的话，显然你的收入，要比租给一个演讲集会的收入更多。如果我在这个季度中，占用了你舞厅的二十个晚上，你一定会失去那些有更多盈利的收入。"

我又说："现在我们来谈谈另一方面。我没办法接受你的要求，所以减少了你的收入。在我来讲，因为我付不起你所需要的租金，只能另找地方举行演讲。可是，我想你该想到的是，我这个演讲研究会，会吸引很多知识分子和上流社会的人物到你这家饭店来，对你来讲，是不是做了一次很成功的广告？事实上，即使你付出五千元的广告费，也不会有演讲研究会那么多优质客户的好效果，这对你来说是很有价值的，是不是？"

我边说话边把这两种情形写在纸上，然后把那张纸交给了经理，又说："这两种情形，希望你仔细考虑一下，当你作最后决定时，请给我一个通知。"

第二天，我接到那家饭店一封信，告诉我租金加百分之五十，而不是百分之三百。

请注意，我没有说出"我要减少租金"的意思，我所说的都是对方所要的，以及他该如何得到它。

如果我照普通一般人的做法，闯进这位饭店经理的办公室，跟他据理力争。我可以这样说："先生！我入场券已经印好，通知已经公布了，你突然增加我三倍的租金，那是什么意思？三倍的租金涨得太厉害了！不近情理，我不付！"

在这种情形下，又会怎么样呢？可能会引发一次激烈的争论，但结果又怎么样呢？即使我雄辩滔滔，让这位饭店经理清楚了自己是错误的，可是由于他的自尊心，会使他拒绝承认自己的错误。最后，很难达到让双方都满意的效果。

女士们，生活中需要太多的交流，什么是解决问题的秘诀？那就是不能只站在自己的立场上考虑事情，要多从别人的角度去思考问题。站在别人的角度上看问题，也就是所谓的"换位思考"，唯有这样，才能产生同理心，才能找到对方的需求，也才能迅速找到双方的共同利益。正所谓，交流才能交心，交心才能交易。不懂得站在对方的立场考虑问题，是很多人失败的一大原因。如果你觉得那样做实在是委屈了自己，那么请记住这句哲理："知己知彼，百战不殆。"所谓善解人意，不过就是站在对方的立场上想问题而已。

做成功的男人背后的成功者

> 拥有成功的男人，不如自己拥有成功的品质。

什么是成功的女人？答案大约有两种类型：

第一种是事业上的成功，或者说在某个领域中取得不俗成绩，成功地把自己变成所有男人心目中佩服的女人。

第二种是家庭或婚姻上的成功，维护好家庭的和睦，做成功男人背后的支持者或"调教"者，把自己变成丈夫和儿子心目中佩服的女人。

究竟怎样才是成功的女人，回答见仁见智，因人而异。但无论在何种环境中，无论是在事业中还是在家庭中，都能保持自己的智慧和见解，都不曾失去对生活的信心的女人，无疑更容易成功，成功的女人有温柔，也有个性。

十四年前，海因斯夫妇在肯塔基州结婚了。海因斯太太承认自己个性胆怯害羞，她说："我很害怕人群，不喜欢和陌生人接触，因为我特别害羞，所以很少参加公开的宴会。"

海因斯先生是个十分有前途的年轻律师，一直活跃于当地的政治圈。因为工作的关系，他常常需要和许多人接触，频繁参加会议、集会以及社交活动。可是他的新娘雪莉·海因斯却害怕面对这些场面。雪莉·海因斯想改变这种情况，适应自己作为妻子的新角色的要求，但又不知如何去做。

一天，雪莉偶然在杂志上看到了这样一段话："人类最感兴趣的莫过于自己。所以在谈话中可以尽量将注意力集中在对方身上，让他谈自己的困扰或成功，这样你就会忘记自身的存在。"她决定按照上面说的去试试。

慢慢的，雪莉克服了交友恐惧症，反而希望能认识新朋友，可以到他们家中去拜访，并且，总是会和他们相处得很愉快。最让雪莉高兴的是，自己并没有担负不起社交场合中的责任，而丈夫在她的协助下，无疑更加成功。海因斯现在已经是州参议员了，夫妻俩总是一起天上地下地跑个不停。

一个想成功的女人具备了这种社交能力是最好的；如果没有，就可以像海因斯太太那样，训练自己学会这些能力，因为当今的社会并不是男人一枝独秀的社会，很多场合需要女主人的配合。有了相应的社交能力，不但能促进男人事业上的成功，对自己的帮助也是不言而喻的。相反，如果迁就自己的懦弱，只会让丈夫离自己越来越远。

有一位在城市的贫民区长大的州长，曾私下和我说，他之所以会成功，最大的原因就是娶了一个迷人而且聪明有教养的妻子。

他对我说："假如我娶的是邻家女孩那样平淡的女人，我自己不会选择向上奋斗，也不会出人头地。我的妻子很有能力，并且充满斗志和热情。不管是出入上流社会，还是和基层的民众打交道，她都应付得从容自如。"

亲爱的女士，想成为成功的女人，首先要让自己有成功的意愿，并付出相关的努力。如果你认为自己的丈夫现在只是从事着低层的工作，并不需要你进行协助，这种观点是大错特错的。没有人一开始就站在顶峰，请看工商界以及其他领域的知名人物，他们从前也不过是毫不起眼、默默无闻的年轻人而已。十年、二十年或者三十年以后，你的丈夫说不定已经是个顶尖人物了，你是否已经有了准备成为成功者身旁最重要的人的心理？请立刻开始拥有吧。

如果你认为自己和雪莉一样羞怯，那么请马上消除这种心理，要相信自己是有社交潜力的；如果你不够聪明，甚至有些笨拙，那你可以用尊敬和欣赏别人的方式弥补自己这方面的缺陷；如果你觉得自己懂得太少，那就在相关领域进行充电，不要躲在种种推脱的借口后面；如果你缺少专业学习的预算，那么至少应该多看几本书。

因为太懒惰，或因为满足于现状而不肯用心改进自己的女人，总有一天会发现自己已经赶不上社会前进的步伐，那时即使她身边围绕着无穷的机会，也没用。

美国电影协会会长艾利克·乔斯顿的夫人认为："婚姻幸福

的关键是，不比男人少走一步。"乔斯顿夫人劝告妻子们，必须不断地参加社交活动，拓展自己的交友圈子，不应局限窄窄的厨房和有限的工作空间中。

没有人能够预知将来的情形，但是聪明的人会做好准备，等待机会来临。在男人得到成功的机会之前，自己提前学习。不管你丈夫从事何种职业，也不管他的社会地位怎样，都要掌握切实有用的社交技巧。如果丈夫不擅长待人接物，妻子就可以为他弥补这个缺陷；如果丈夫的社交能力很强，在自己的朋友圈里相当机智，也免不了需要妻子的提示，因为有时候，男人都有显得荒谬可笑的行为。

美国最大一家公司的人事部主任十分自豪地告诉我："我的太太很有爱心，对人又很和蔼。她无微不至地关心别人，同时又不会让人觉得烦。我们的社区简直是联合国，哪个国家的人都有。当我们走到希腊人开的店铺时，我的太太就用希腊语和老板打招呼；走到街头拐角意大利人的水果摊时，又用意大利语和老板道早安。邻居们从来不会因为我是跨国公司的高管而搭理我，因为不怕麻烦地学会了他们语言的是我太太，并不是我这个看起来没什么话的男人。

"有时候，因为我的粗心和工作的忙碌，免不了会忽略很多人际关系，但我的太太在这方面做得很好。很明显，大家都更喜欢我妻子。几天前，我急匆匆地跑进洗衣店，对老板叫喊：我的衣服一定要这么洗，别洗错了！老板皱起眉头看着我，好一会儿才说：如果你太太也用这种态度对我，我还真可以将就着把活干完。"

我不认识主任的妻子，但是我对这位女士产生了倾慕的念头——这样的女士，难道你没有觉得她很有魅力吗？

拥有成功的男人，不如自己拥有成功的品质。友善和气的女人无论走到哪里都能建立起一种温暖人心的气氛；自信的女人，会散发出优雅的力量，只要她的信念没有萎缩，她的前路就不会渺茫；善于倾听的女人能获得所有人的好感——想想看，一个文静的女人能留心倾听别人的谈话，又能进行有效的交流，她又怎么会不成功呢？这种女士不仅会在丈夫的男友群里成功，在她自己的女友群里也会同样成功。这种拥有成功品质的女人，可以说拥有了无法估量的社会资产，无论在家庭还是事业上，她总会取得成功。

完美关系，不过是知道了这些事儿

假如缺乏爱情，成功的意义何在呢？

幸福的恋爱或婚姻，不是找到一个完美的人，和他一起过童话般的生活，而是与一个能相互理解的人努力建立一种近乎完美的关系。这世上本就不完美，哪里会存在毫无瑕疵的完美呢？所谓完美的真谛，就在于接纳生活中所有的不完美，然后让自己无限接近想象中的完美。男人和女人之间，太关爱、太讨好对方，会把他宠坏；但太自我、太高傲，又会容易令事情不可收拾。爱情需要适度的空气和氧分，完美的关系，不过是明白了更多婚恋的技巧。

多晒晒甜蜜

我的老朋友吉姆的遗孀曾经给我写过一封信。吉姆太太在信中提到很多往事，她伤心地说："我很后悔从来都没有跟吉姆说过我爱他，我非常需要他。"人生最可悲的事，莫过于失去后才发现，失去的原来是人生中最值得珍惜的东西。现在，那些消失的日子永远不会回来，吉姆也永远听不到太太想说的甜蜜话语了。

这种例子简直太普遍了。斯坦福大学的路易斯·特尔曼博士研究过一千五百对以上的已婚夫妇，他和他的同事们发现，造成婚姻不和谐的第二大原因，是大多数男性认为妻子不懂得如何表现爱情，换句话说，不喜欢晒甜蜜——仅次于第一大原因唠叨。

许多现代女性关键的时候都能够从容应付突如其来的家庭危机，比如丈夫失业、患上严重的疾病或者官司缠身，这时妻子完全可以像直布罗陀海峡的岩石一样坚强，给予丈夫不断地帮助。但是，当生活安稳平静时，她就似乎忘了一切，也忘记给予丈夫最渴望的爱情甜点，就是告诉他：在自己的心目中，他占有多么重要的地位。出现这种情形是非常悲哀的。

据说现代女性结婚的原因大多是为了安全感、拥有自己的家和孩子，甚至为了避免成为老处女；然而百分之九十的男性结婚的原因，仅仅是因为他们恋爱了——你是否静下心来仔细考虑过这句话想要表达的意思呢？

从我的经验中观察到，绝大多数女性都认为，自己应该被丈夫爱护，丈夫应该经常对自己说些甜蜜话。但实际上，那些抱怨丈夫忽视自己、不懂得赞扬自己的女人，也很少对丈夫表示赞赏和爱。这种喜欢挑剔和批评人的女性正像威廉·波林吉尔博士所说的那样："她们不愿将自己的爱分给别人。"也就是说，能够从丈夫那里得到更多称赞的女人，往往是那些能够晒出自己的爱的人。

婚姻专家德罗西·迪克斯说："很多丈夫将妻子的存在看作理所当然，从不注意她们穿的衣服，当然也没有奉上赞美，还不给她们任何爱的表现，所以很多妻子为此抱怨丈夫。但是，这些女士也用同样冷淡的态度对待自己的丈夫，然后对自己的丈夫不满，因为他们会喜欢那些不断称赞他们风度翩翩和健壮聪明的女人……很多男人和女人都患上了爱情饥渴症。"

曾经有人做出一个恰当的比喻，夫妻之间的冷淡就像"精神食粮不够"。因为完美的关系不是单靠朴实的面包就能存活，有时也需要一块撒了蜜糖的蛋糕。

宽容是女人最完美的行为

爱的本质是慷慨地给予，让豁达成为我们的一种生活态度。很多妻子在大事上做出了牺牲，却往往在小地方缺乏大度。比如，不能平静地对待丈夫从前的女朋友。

如果你丈夫今天在无意中提及他碰见了前女友，你应该做的是大度地欣赏她，如果你一点都不知道她的优点，那么至少也要编几句，重点是表现你的大度。假如你酸溜溜地问，那个女孩是不是还和从前一样不成熟，就显得你太小心眼了。

我记得，我的父亲和母亲结婚之前，曾经与一个迷人的红发少女订过婚。每当母亲称赞那个女孩美丽热情的时候，父亲总是一边装出若无其事的样子，一边不好意思地偷笑。因为父亲觉得母亲更漂亮，母亲也知道这一点。但母亲大度地称赞父亲的眼光好，还是会让他觉得很高兴。

感谢丈夫做的小事

无论是男人带妻子去看一场好看的电影，送妻子一束玫瑰花，还是每天早晨倒个垃圾，女人都应该向他道谢。如果女人将男人所做的每件事情都视为理所当然，不用怀疑，这个男人很快就会停止做这些事来取悦她。如果我们不知道男人每天做了多少小事情，那说明我们已经习惯成自然了。

戴尔的太太总认为丈夫没有给她帮过什么忙——他不会给孩子换尿布，不会拧紧漏水的水龙头，甚至他给自己倒杯水也很难得。然而有个夏天，戴尔去了欧洲，戴尔太太才惊讶地发现，其实戴尔每天做了很多的琐事，可是她从来没有发现，更没为此表达过谢意，而现在戴尔太太只能亲自去做每件事了。

很多事情确实值得换位思考一下

碧翠斯正在厨房忙碌，她的丈夫在旁边一直说个不停："慢些，注意，小心！沙拉切得太碎了……鸡好了，赶快拿出烤箱……番茄酱放太多了……一会再……"碧翠斯烦透了："我懂得怎样做饭！"丈夫平静地答道："亲爱的，我只是要让你知道，我在开车时，你在旁边唠叨个没完时，我的感觉是什么样的……"

女士们，很多事情确实值得换位思考一下，不要忽略丈夫的需要和感受。想想看，如果丈夫下班后疲惫不堪，只想换上拖鞋休息一会儿，而你却建议他把家具全部换个位置，那他会怎么想？

戴尔太太也是很费力才明白了这一点。戴尔和太太结婚后，曾在奥克拉荷马城度过了一个星期的蜜月。在戴尔太太的幻想中，蜜月旅行应该是烛光、小提琴的优美演奏、罗曼蒂克的环境和情调以及高调的恩爱。可是戴尔在那里进行一个为期一周的重要演讲。戴尔太太独自坐在旅馆的房间里百无聊赖，而新婚的丈夫正和委员们坐在一起，一边和赞助人商讨，一边研究自己的文稿。在这段日子里，戴尔太太不满极了，即使戴尔答应她这个项目忙完再一起出国旅行，她都不依不饶。直到她从一个娇纵的女孩子变成"资深"妻子之后，她才理解了丈夫和婚姻的实质，婚姻意味着相互理解和相互牺牲。

你担心自己所做的努力不会得到回报？担心将爱情慷慨地奉献出去，得不到对方的感激？我完全可以担保，你做得越好，越能换回更多的感激。我的桌上有一封华威克·C·安格斯写来的信。

他在信中说："因为我娶了我可爱的妻子，所以我才觉得自己比其他男性更加幸福。即使我能重新回到三十二年前，只要她愿意嫁给我，我仍然选择和她生活在一起。我能给她的最大赞赏就是让她知道，我能够取得今天的成就全是因为有她相伴。"

完美的关系有助于我们过幸福的生活，如果你的丈夫能够从你的挚爱中得到宁静幸福，那他就会有更多的发展机会，从而带给你更高的生活水平。假如缺乏爱情，成功的意义何在呢？没有爱情的基础，权势和金钱就像废物一样毫无用处。

女士们，要保持完美的关系，就得在恋爱和婚姻中更成熟机智地处理问题，运用一定的方法和技巧让自己做得更好，才能让你们的感情保持相当的满意度。

女人用温柔武装自己的时候最强大

> 女人越是想学男人的样子，便越不能驾驭男人。

芝加哥心理学家麦克·肯特曾经说过："聪明的女人都懂得如何运用她们的温柔。事实上，不管是男人还是女人，都对女性的温柔有着一种天生的好感。女人的温柔无疑会给周围的环境增添一些亮色和温暖，她会让对方的情感找到归依。"

小时候，每次暑假，我都会去姑妈家住几天。这一方面是因为我姑妈做的土豆泥和烤牛排味道非常棒，另一方面是因为姑妈经常会给我讲故事。记得有一次，我突发奇想地问姑妈，怎么才能得到自己想要的东西？于是，姑妈给我讲了这样一个故事：

一个年轻人喜欢吃鱼，可是家里买不起，于是他跑到河边，看着河里的鱼自言自语："鱼啊！我该用什么方法让你们跳到我的餐桌上呢？"一个老人看到他在河边发呆，就问他："年轻人，你站在这里干什么？"年轻人说："我在观察河里的鱼，希望能找到捕鱼的方法。"老人笑了笑说："只凭想象永远吃不到鱼，与其在这里傻看，还不如回家编织一张渔网来捕鱼。"

很多年后，我对这个故事依然记忆如新。今天当我准备写点东西的时候，马上就想到了这个故事。我不知道这个比喻恰不恰当，但我认为女士们就是那个想得到鱼的年轻人，自己喜欢的男人就是"鱼"，与其坐在那里终日空想如何得到男人的爱情，还不如行动起来，编一张能抓住男人心的"网"。

那么，究竟用什么才能编织出这种"网"呢？那就是温柔。温柔不是矫揉造作，而是意味着你能够被他人喜爱，能够有意识地选择自己爱的人，并在有所回应的时候接受这份爱情。

不知是谁说：温柔是女人最致命的武器。拥有这件武器的人，可以有爱人的能力，也可以拥有被爱的能力。尽管她被人拒绝，被人抛弃，只要拥有温柔，依旧是惹人喜爱的；尽管她暂时没人爱，可是依旧拥有收获爱情的能力。

温柔不仅仅是轻声说话，委婉行事，温柔装不出、藏不住，它总是在不经意间流露出来，一个眼神就能生出许多柔情，它潜藏着热情、关爱，给人以一种无以言表的甜蜜而温暖的感觉。

女人，不要忘了你的武器——温柔。

著名作家E·J·哈代在他的著作中曾经描述过，在新西兰某个地方的墓地里，有一块陈旧的墓碑上刻着一个女性的名字和这句话："她是这样温柔可爱。"

不知道诸位看了这句话以后会有些什么感受？我个人的感觉是，这句碑文比其他的更能令我感动。想想看，当这个伤心欲绝的丈夫将这些字刻在妻子的墓碑上时，心中一定充满了数不尽的幸福回忆：每天下班回家，迎接他的总是妻子微笑的面容，还有摆在桌上的香喷喷的饭菜；一个陈旧的小笑话也能让她开怀大笑，家里永远充满温暖和爱意。

专家们曾经说过，一个妻子如果能够让丈夫觉得幸福快乐，他就能够更好地在事业上取得成功。一个成功的丈夫和一个温柔可爱的妻子总是能够联系在一起。

但是让人奇怪的是，许多深爱丈夫的女性却不知道如何让自己的丈夫得到幸福快乐。尽管她们内心深处蕴藏着天底下最浓的爱恋，却往往做着这些错事：当丈夫要出门的时候，仍然紧紧缠住他不放；当应该安静下来听丈夫说话的时候，仍然喋喋不休；当处理家庭事务时，又像个严厉的军训教官。

卢梭说："（强悍的女人）越是想学男人的样子，她们便越不能驾驭男人。"斯蒂芬·霍尔曼说："我知道所有的人都喜欢温柔的女人，这是不争的事实。"

其实想要得到男性的欢心并不困难，远远没有女性装扮自己的心思多，只要像准备一次舞会那样动点脑筋、肯去努力就可以了。

当然这样并不是说，我们不应该打扮收拾，而是想提醒那些过分注意自己装扮的女性，不要忘记表现出自己对丈夫的关心。那些懂得如何获取丈夫欢心的女性，完全不必担心自己失去了迷人的青春、姣好的身材，因为她们能够随时牢牢地抓住丈夫的心。

每当罗斯福总统出去演讲时，总是喜欢有儿女们跟随在身边，因为这样能够减轻他紧张行程下的压力。当罗斯福夫人接受采访时告诉我，通常她会安排孩子们轮流陪父亲出去，几乎每隔两个星期就轮换一次，这种安排总是让总统十分高兴。罗斯福夫人说："我们的旅途中，总会发生许多家庭趣事，笑声总是络绎不绝，因此我丈夫很容易胜任繁重的工作。"

另外，艾森豪威尔总统的夫人也说过，一个妻子最主要的工作就是用点点滴滴的小事为别人创造幸福。其实，这些小事并不是真的很小。"培养出最好的风度，必须先要做出一些小牺牲"是柴斯特菲尔德说过的一句话，同时这也是婚姻幸福的秘诀。一个妻子如果愿意为了丈夫、为了家庭放弃一些个人的爱好，她所得到的补偿将远远多于那些付出的小牺牲，因此是十分值得的。

约瑟劳尔·卡巴布兰加先生曾是古巴的外交官，也是世界闻名的国际象棋冠军。卡巴布兰加先生非常机智灵巧，是个受欢迎的人。就和许多超凡卓越的男性一样，他也会顽固地坚持自己的想法。但是，卡巴布兰加先生的太太奥嘉善于妥协，因此他们的婚姻非常幸福美满，享有浪漫的爱情和彼此的尊重。

当卡巴布兰加先生心情烦躁时，奥嘉便一句话也不说，让他独立思考，从不会唠唠叨叨地激怒他；奥嘉本来只喜欢看轻松一些的书，她丈夫却喜爱哲学和历史方面的，于是她也十分认真地看了丈夫喜欢的类型的书。

她的这些做法得到了什么？丈夫是否会因此感谢她？因为奥嘉·卡巴布兰加给丈夫带来了很多快乐，所以有时候，卡巴布兰加先生会放弃自己的看法来取悦于她。例如，卡巴布兰加先生原本认为，世上最可笑、最矫揉造作的事莫过于赠送礼物。但是有一年的情人节，他为了对妻子表达爱意，特地送给太太一盒大大的、无比漂亮的巧克力，当时他居然像个小学生一样红着脸。奥嘉高兴得无法描述，那么理智的丈夫竟然送了这样一件完全没有理性的礼物，难得的是卡巴布兰加先生真心地喜欢这样做。

　　从此以后，卡巴布兰加先生的乐趣里面又加了一项——送礼物给自己的太太。有一次，他特意花钱请一名职员加了两个小时班，将一小瓶香水用一连串大小不同的盒子包装起来，只是为了要看看太太打开盒子时脸上的幸福光彩。

　　卡巴布兰加太太用心地创造丈夫的幸福，而她的丈夫为了感激她的牺牲，也在用心博取她的高兴，并从中体会到快乐。这样看来，他们的婚姻会这么成功就毫不奇怪了。

　　多年前，当我还是住在密苏里州西北部的小屁孩时，曾读到一个关于太阳和风的寓言：

　　太阳和风争论谁的力量大，风说："我马上证明给你看。你有没有看到那穿着大衣的老人？我可以马上把他身上的那件大衣脱下来，那时你就知道我的力量有多大了！"

　　太阳一躲进云里去，那风就吹起来，几乎成了一股飓风……可是那风吹得越大，那老人把大衣朝身上裹得越紧。

最后，风不得不停下来。接着，太阳从白云后面出来，对着老人和善地笑着，似乎没有多久，老人拭着额头上的汗，并把自己身上的那件大衣脱了下来。于是太阳向风说："温柔友善的力量，永远胜过愤怒和暴力。"

若习惯了得到，便忘记了感恩

> 没什么付出是天经地义的，别人的付出，不是我们索取的理由。

　　不少父母为儿女的不知感恩而伤透了心，莎士比亚的悲剧《李尔王》就讲了这样一个故事：年迈的李尔王想把国土分给自己的女儿。在分封的时候，大女儿和二女儿拼命对父亲进行奉承，各自得到了大片的土地。李尔王自己只保留了国王的尊号，打算轮流住在两个女儿的家里安享晚年，但两个女儿得到财产后立刻翻脸，各自将老父亲赶出了家门，昔日的国王变成了一个疯疯癫癫的流浪老人。他感叹道："一个负心的孩子，比毒蛇的牙齿还要使人痛入骨髓。"

　　忘恩负义是人类的天性，像野草一样疯长，李尔王不明白这个道理：孩子们不会天生就心存感激，除非父母教他们那样去做。感恩就像一株玫瑰，必须勤于施肥、浇水，给予足够的教养、爱和保护，才能在一个人的心里扎下根。如果父母从来没有教过孩子如何感恩，又怎么能希望他们对自己感恩呢？

　　我认识一个住在芝加哥的男人，他常常抱怨自己的两个继子不知感恩。他的遭遇听起来还是很让人同情的。他娶了一个带着两个孩子的寡妇，那个女人要他四处借钱，供养她的两个儿子读大学。男人在一个纸盒厂做工，一个星期才赚不到40块钱，微薄的收入除了得买食物、衣服、煤，付房租之外，还得还债。而他像一个苦力一样辛辛苦苦地工作，却从来没有抱怨过一句。

家里人是不是很感激他呢？没有。他的太太认为这是理所当然的，两个继子也是这样认为的，他们从来也不觉得自己欠继父什么，甚至连"谢谢"也不愿意说。

能怪谁呢？怪孩子们吗？不错。可是更该怪的是做母亲的。在她看来，根本不应该在两个孩子身上增加过多的"压力"，让他们有"负疚感"，她不希望自己的两个儿子觉得"欠人家什么"，因此从来没有想到要和儿子说"你们的继父真是个好人，帮你们读完了大学"，而是采取相反的态度"这是他应该做的"。

她以为这样做会对她的两个儿子的成长有好处，但实际上，这等于是让自己的孩子产生"全世界都欠自己"的危险观念。有这种危险观念的人，不免自私、冷漠，不辨是非，不知感恩，没有责任感。后来，她有一个儿子想"向老板借一点儿钱"，挪用了公司的一笔基金，结果进了监狱。

这个世界没有人天生欠谁的，即使是自己的父母。没什么付出是天经地义的，父母的付出，不是我们索取的理由。

很多人之所以没有感恩的意识，是因为习惯了别人对自己的照顾，认为那些都是理所应当的。无原则的照顾其实很可怕，哪一天照顾不到了，对方便容易生起怨恨之心。习惯了得到，便会容易忘记了感恩。

一个12岁的中国男孩到位于地球的另一边的妈妈的朋友家过暑假，刚从机场接回男孩，妈妈的朋友就对他说：

"孩子，这个假期希望你过得愉快。这张城市地图和公共汽车时间表送给你，你自己来决定要去哪里——周末我有时间的话也许会带你去，但如果我很累了可能没有精力和你出去的话，你就要查路线自己出去玩了。

"你妈妈之前打过电话托我照顾你，但我要告诉你的是，你都12岁了，已经不是需要照顾的小孩子了，我没有义务来照顾你的生活。你可以自己按时起床，我不负责叫你；冰箱里有面包、鸡蛋和牛奶，起床后，你可以自己做早餐，因为我要出门工作，不可能替你弄；吃完后你要把盘子洗干净，我不会替你洗，那不是我的责任；还有，你的衣服要自己用洗衣机来洗，这些事都很简单。总之，你自己的问题由自己来解决，我有我自己的事情要做，希望你的到来不会给我增添麻烦。"

看得出来年轻男孩眼神里的意外，但他想了想，点头表示明白了。

假期过后，男孩回到了自己的家，本来，男孩在家中是依赖感很强、从不干家务的那种孩子。而现在，变得独立、勤快，什么都会做，不但能照顾自己，并且还会照顾家人。

妈妈很惊奇，给朋友打电话问她是怎么做到的。朋友说：

"我没做什么啊，我只是告诉了他，他这个年龄，可以自己照顾自己了。"

即使你说不出什么道理，但是仍然可以言传身教。

我的薇奥拉姨妈从来没想过自己的孩子要对她"感恩"，她只是一门心思地想着怎样才能好好照顾好家庭里的每个成员。小时候，我记得姨妈经常把自己的母亲接到家里来，同时还要照顾婆婆。现在闭上眼睛，我依然清楚地记得两位老太太坐在农庄壁炉前聊天的情景。她们会不会给姨妈增添麻烦呢？当然会。可是我在姨妈的一言一行中丝毫看不出她会因此烦恼。对两位老太太，她非常爱她们，照顾她们舒服地度过晚年。此外，姨妈还必须照顾家里的一群孩子。她从来没有觉得自己这么做有什么特别，也不期望因此赢得他人的赞美。在她心目中，这是一件十分自然的事，也是自己分内的事，而且是自己喜欢做的事。

姨妈现在怎么样了呢？她的五个孩子都已长大成人，各自组建了家庭，但大家争着要让妈妈住在自己家里。孩子们非常依赖她，无论如何都不愿意离开她。

这是孩子对母亲的感恩吗？不是，这是爱——纯粹的爱。这些孩子在童年时，就深受爱的熏陶，现在情况反过来了，他们能付出爱心，也就没有什么值得奇怪的了。

因此请记住：要培养出知恩图报的孩子，就要自己先身体力行。亲爱的女士们，请注意自己的一言一行，不要在孩子们面前蔑视别人曾经给我们的好处，永远不要说："你舅妈圣诞节送给我们的桌布，是她自己钩织的，没花一毛钱，她太会过日子了！"之类的话，这种话你也许不过是顺口一说，可孩子们却可能听进心里去，由此对别人的礼物生出嘲弄之心。

如果你还在为别人不知感激而难过和忧虑，我建议你看看下面三句话：

一、不要因为别人忘恩负义而不快乐，要认识到这不过是一件十分自然的事。

二、施恩不求回报，只为施予的快乐而施予，这样才能体会到真正的快乐。

三、感恩是教育的结果。如果我们希望自己的子女懂得感恩，我们就要培养一个懂得感恩的家庭氛围。

PART 5

不将就，才能赢得别人的尊重

在冷漠的世界里，怎样交朋友

> 找到朋友的唯一办法是让自己成为别人的朋友。

我们爱朋友，我们需要朋友，不然我们能跟谁一起聊八卦，一起喝酒，一起转发消息，一起愉快地玩耍呢？在每个人都有自己的个性，很多人都不太好打交道的世界里，你怎样交到朋友呢？

有人认为，微笑是交朋友的一个好方法。是的，微笑面对生活是十分必要的。微笑仿佛是在说，"我喜欢你，你使我觉得快乐，我很高兴看到你。"这就是狗狗之所以如此受人欢迎的缘故。它们非常高兴看到我们，总是兴奋得不能自抑，因此，我们自然也很高兴看到它们。

有一种方法比微笑更能打动人，那就是试着作别人最好的朋友。爱默生在《随感录》中说："找到朋友的唯一办法是让自己成为别人的朋友。"

每一个去牡蛎湾拜访过罗斯福的人，对他渊博的学识，都会感到惊奇。勃莱福特曾经这样说过："无论是一个牧童或骑士，政客或是外交家，罗斯福都知道应该跟他说些什么。"罗斯福是怎么做到的？很简单，在客人来访之前，罗斯福已想好了客人感兴趣的话题。

罗斯福就跟很多具有领袖才干的人一样，知道深入人们心底的最佳途径，就是聊双方都感兴趣的话题。

耶鲁大学文学院教授菲尔普斯很早就知道了这项道理，他在八岁的时候，某个周末去姑妈的家度假。那天晚上有位中年人也去姑妈家，他跟姑妈寒暄过后，就把注意力转到菲尔普斯身上。那时菲尔普斯对帆船有极大的兴趣，而那位客人谈到这个话题的时候，似乎也很感兴趣，他们谈得非常投机。他走了后，菲尔普斯对姑妈说："这人真好，很懂帆船。"姑妈告诉他，那位客人是一位律师，照说他对帆船不会有兴趣的。菲尔普斯问："可是他又怎么一直说帆船的事呢？"姑妈说："他是一位有修养的绅士，他会细心注意到每个人的兴趣，所以才会陪你谈论帆船的。"

菲尔普斯说，自己永远不会忘记姑妈所讲的那些话。

孟德斯鸠说，同情是善良心地所启发的一种感情的反映。当你为不公平的事情或别人的不幸遭遇感到难过时，这种心情叫做同情心。而同理心则是能够了解对方的心情，并能够理解他们感受的一种心情。试着去了解别人，哪怕愿意去理解别人的兴趣爱好，会帮助你和对方之间形成一种共同归属感，这种感觉会带来心理上的共鸣，形成亲密的联系。

热心于童子军工作的詹妮弗需要拉一些赞助费，欧洲即将举行童子军夏令营活动，詹妮弗想请一家大公司来资助一个童子军的旅费。她听说过一位大老板曾签出过一张百万元的支票，随后又把那张支票作废，还把那张支票装进镜框作为纪念。所以詹妮弗走进他办公室的第一件事，就是请求观赏那张支票。她说：我从没有听说有谁开过百万元的大额支票，我要跟我的那些童子军们讲一下，我的确见到过一张百万元的支票了。

大老板很高兴地取出来给詹妮弗看，她赞赏地边看边听老板讲了开出这张支票的经过。

詹妮弗开始并没有马上谈到自己的来意，而只是谈对方最感兴趣的事。结果呢？那位老板随后问："女士，你找我有什么事吗？"于是詹妮弗告诉了自己的来意。

真出乎詹妮弗的意料之外，他不但立即答应了，而且比她原来要求的还要多。詹妮弗只希望他赞助一个童子军去欧洲，可是他愿意资助五个童子军去欧洲，而且连詹妮弗自己也在受请范围之内。他签了一张千元外汇银行支付的凭证，足够这些人在欧洲住七个星期的。他又替詹妮弗写了几封介绍信：吩咐欧洲各城市分公司的经理，妥善地照顾童子军。

继后，他自己去欧洲，在巴黎亲自接待童子军一行，带领他们游览全市……最后，他还替几个家境清寒的童子军介绍工作。这位大老板，现在还尽其所能地在资助童子军团体。

女士们，请想一下，如果詹妮弗事前没有找到他感兴趣的事，调动起他的情绪，使他高兴起来，事情还会这样顺利吗？

在商场上，这也是一种有价值的方法吗？

纽约有一家面包公司经理杜凡诺先生，希望把自己公司的面包卖给一家大旅馆。四年来，他一直打这个主意，几乎每星期都去找那家旅馆的经理。杜凡诺一旦知道那位经理去哪一家交际场所，他也跟着去那家交际场所。他甚至在那家旅馆租下一间房间，只为获得生意，可是他都失败了。

杜凡诺先生说："后来，我研究了人与人之间的关系后，才知道应该改变策略，想办法找出他最感兴趣的事。哪一方面会引起他的注意？我发现他是美国旅馆业公会的会员，他不但是会员，由于热心推进这个团体的业务，后来还被推举为团体的主席。同时，他还兼任了国际旅馆业联合会的会长，不论开会地点在哪里，他都搭乘飞机，飞越高山，横渡沙漠、大海，去那里开会，一场不落。

"所以我在第二天见他的时候，就问他关于该会的详细情形，果然得到了一个很热情的反应——这个问题他跟我讲了半小时。他说的时候，是那么的兴高采烈，我明显地看出，那个团体组织是他兴趣所在，也是他生活中的一部分——在我跟他告别前，他邀我加入他们的团体。

"那时我并没提到面包的事，几天后，他所住酒店的大堂经理，打了一个电话给我，要我把面包的价目和样品送过去。

"我走进那家旅馆，那位大堂经理招呼我说：'你下了什么工夫，竟然做通了那个老头的生意？可是，真的，你搔到他的痒处了。'

"我回答说：你该替我想一想——我在他身上花了四年时间，想要做到他的生意。如果不煞费脑筋找出他的兴趣所在，他所喜欢的是什么，恐怕还要费不知多少时间呢！"

女士们，如果你要使别人喜欢你，那就要像关心他的朋友那样，去试着了解对方，谈论对方喜欢谈论的事，才能达到很好的交流目的。

和别人一起做喜欢做的事

> 了解对方，倾听对方，理解对方。

如果我们要交朋友，除了用真诚的态度之外，最好还要了解对方的兴趣，以便和对方一起愉快地进行合作。假如我们想交朋友，就应该先替别人做些事情，做些需要花费些时间和精力的事情。同时，把对别人的抱怨，换成赞赏和鼓励。不再固执而死板地坚持自己需要什么，而是从别人的角度出发，尽量去接受别人的观点。这不是迁就，而是表明一种真诚的合作态度，以便利于事情的进一步开展。这样的做法已改变了我原有的生活，现在的我是一个跟过去完全不同的人了，一个比过去更快乐，更富有的人。

这种哲学运用在商业上有效吗？例子太多，我只举两个吧。

坎迪斯·华特是我培训班里的一个学员，在纽约市一家大银行里工作。一次，她被指派调查一家公司的业务情况。坎迪斯知道有家实业公司的经理很清楚那家公司的情况，可以提供自己需要的资料，于是，坎迪斯就去拜访那位经理。

那天，正当坎迪斯走进经理室时，年轻的女助理由门外探头进来，告诉那位经理说，她那天没找到什么好邮票。

经理向那女助理点点头后，接着向坎迪斯解释说："我正在替我十二岁的孩子收集邮票哩！"

接下来，坎迪斯坐下说明自己的来意，希望对方能配合自己的调查。可是那位经理却含糊其辞、不着边际地应付了一阵，很明显，他是不愿意说。坎迪斯费尽了口舌，也无法使他多说些什么，这次谈话失败极了，坎迪斯没得到一点自己想要的东西。

后来，坎迪斯在培训班上对我说："说实在的，当时我真不知该怎么办才好，但是我知道，我不能放弃这个渠道……后来，我突然想起他那个女助理对他说的话，他十二岁的小孩在收集邮票。同时我又想到，我们银行的国外汇兑部，常和世界各地通信，有不少外国邮票，现在正好可以派上用场。"

"第二天的下午，我又去拜访那位经理，预约时就和他说，我有很多邮票，特地带来给他的儿子……你猜，我是不是受到热烈的欢迎？哈哈，那是当然的。他热情地握着我的手，脸上满是笑容。他看了看邮票，一再地说："我的乔琪一定喜欢这一张……嗯，这一张更好，很难收集到呢！"

"我们谈了半个小时的邮票，他还给我看他儿子的相片……随后，不需要我再开口了。他花了一个多小时，提供了各项我所需要的资料。他说完自己所知道的情况后，又把公司里的职员叫来询问，接着还打了几个电话问他的朋友，并且还指出那家公司财产状况的各项报告、函件的问题，那天我的收获太大了！"

了解对方，倾听对方，理解对方，是与人沟通的不二法门。多替别人想想，站在对方的立场上，了解一下别人的内心世界，才能找到共同感兴趣的话题，就像李夫人所说的："要想使别人对你感兴趣，你就要先对别人感兴趣。"

克纳夫是费城一家煤矿里的推销员，多年来他一直想把厂里的煤，卖给一家联营百货公司，可是那家公司始终不买他的煤，只是向市郊一家煤店接洽购买。更使克纳夫忍不下这口气的是，每次运送煤时的道路，又正好在他办公室的窗口下。克纳夫为了这件事，在我的培训班上曾大发牢骚，痛骂联营百货公司的愚蠢和固执，他们的做法对国家害多益少。

他嘴里这样讲，可心里还是还不甘心……为什么劝不动那家公司直接去煤矿买煤呢？

我劝他换个思路，想想另外的办法。我把培训班里的学员分成两组，展开了一次辩论会，主题就是"连锁性的百货公司业务发展，对国家害多还是益多。"

依照我的建议，克纳夫参加了反对的那一组，他同意替那家公司辩护。然后，我要他直接去见那个不买他的煤的那家公司的负责人。

克纳夫见到那负责人后，对他说："我不是来要求你买我的煤，我有一件事想请你帮个忙。"克纳夫把来意讲完后，接着说："因为我找不到相关资料，也想不起来除了你以外，还有谁能提供我这项资料。我很想在辩论会中获胜，希望你能提供更多有关的资料，可以吗？"

当克纳夫说明来意后，负责人请他坐下。他们对这个话题谈了很久。随后，那位负责人打电话给另外一家连锁机构的高管——那人曾经写过一本有关连锁性百货公司的书。他还联系了全国连锁性联营百货公司公会，替克纳夫找来不少有关这方面的辩论记录。

这件事，让这位负责人觉得他的公司，已做到服务社会的宗旨。他对自己的工作，感到满意而自豪。他谈话的时候，两眼闪耀出热忱的光芒。而克纳夫则拓宽了自己的视野，改变了对他原有的想法。

克纳夫要离开的时候，那位经理亲自送他到门口，还预祝他在辩论会上获得胜利。最后，经理对克纳夫说："到春末的时候，你再来看我，我愿意订购你们矿的煤。"

这一次，克纳夫没有央求经理，可是他却要买克纳夫的煤了。之所以发生这样大的转折，是由于克纳夫触及了这位经理的领域，让经理感觉到自豪感。克纳夫十年中所得到的经验，也抵不上在这两个小时中领悟的多。原因是，过去克纳夫只关心到自己的感受和他的煤卖不卖得出去，现在他是站在客户的一边，一起就对方的领域进行了友善的交流。

所谓交流，就是了解的过程。了解了对方，才能和其一起进行更好的合作。

当你赢了一场争吵的时候，你输掉了什么？

> 争吵是把一件事情闹僵的"最佳"方式。

努力"赢得"一场争论，痛快淋漓地击败其他人，不仅不能解决根本问题，而会加剧问题的复杂性。虽然表面上来看你赢得了这场战斗，对方输得一塌糊涂，但其实上，你们双方都输掉了战争。

在人际关系中，差异是不可避免的，但冲突是可选的。当我们试图用赢得辩论来解决分歧，而不是寻求更多的理解的时候，我们就失掉了更多地了解自己和他人的机会；也错过了可以使自己成为一个更加成熟和负责任的人的机会。

谁都知道，争吵会产生不间断的对立和相互诋毁，并不是令人愉快的事情。争吵并不能解决所有的事情。

伊索是希腊奴隶，在公元前六百多年，就编了一部不朽的作品，那就是留传到今天的《伊索寓言》。那本书里对于人性的看法，就和今天一样：太阳比风更能使你脱去你的外衣！慈爱、友善的接近，能使人改变他原有的心意，那比暴力的攻击更为有效。

当你要获得人们对你的同意时，别忘了：以友善的方法开始。如果懂得运用和善的态度，那什么事情都可以控制。

工程师斯托芬租了一间公寓，感觉房租太高，她希望能便宜点，可她觉得房东很难说话。于是她写了一封信给房东说："我的租约期快要到了，我已经开始准备搬出我的公寓了，其实我并不想搬，如果房租能便宜一些的话，我挺乐意继续住下去的。可是我知道希望很小，在我搬来之前，在这里住的房客就告诉我说：房东是个很难应付的人，他们降低房租的努力无一例外地都失败了。可我还想试一下，我正在学习如何进行人际交往的课程，我想试试我学习的结果。"

房东接到斯托芬的信后，还真带了他的秘书一起来了。斯托芬借鉴传奇企业家查尔斯·施瓦布那种热情的态度，站在门口像迎接贵宾一样接他们进门。她并没有一开始就叫苦，而是先诚恳地说自己如何喜欢这公寓，赞扬房东管理房子有方法，同时告诉房东说，她非常愿意继续住下去，可是，房租太贵，目前的经济能力太差，自己负担不起。

看得出来，房东从来没受到过这样诚恳热情的对待，他几乎手足无措了。感慨之余，房东和斯托芬聊起了自己做房东的许多困扰。他说，有些房客一直向他抱怨，其中有个房客曾一连给他写过十四封信，里面尽是些不满的话，甚至有很多侮辱之词；还有一位房客威胁他说，上面那层楼的人的呼噜打得太响了，如果他不赶紧来改变那个人的睡觉方式，自己就立即取消租约……

房东对斯托芬说："我很希望有你这样一位满意的房客。"然后，还没等斯托芬开口，他就自动地减少了一点租金。但斯托芬希望租金再减低些，她说出自己所能负担的数目，房东很痛快地就接受了。

临走时，房东甚至还关切地问斯托芬："姑娘，你的房间里有没有需要装修的地方？别客气，有需要尽管和我开口……"

斯托芬如果用了其他房客所用的方法，说什么房租比别的房子要贵，要求房东减低房租，那她一定会得不到自己想要的结果。是友善、赞赏和同情，才使她成功地将房租降到了自己预期的结果。

亲爱的女士们，请自问："如果我处在他的困难中，我将有如何的感受，又该作如何的反应？"在生活中，一场激烈争吵的结果并不见得比一次愉快的交流会更好，争吵一定会引起对抗，而对抗则会让人丧失理智，而一旦丧失理智，也许，最温和的人也会脸红脖子粗，青筋直冒，说出很多难以启齿的话来，从而将事情闹得一发而不可收。是的，很多时候，争吵是把一件事情闹僵的"最佳"方式。

但如果你抱着和别人好好交流的态度，用和善的语言来表达你的想法，则可以省去许多时间和烦恼。由于你已知道了那个起因，就不会憎厌这个结果了。此外，你可以学到许多人际关系上的技巧，从而帮助你变得更加受人欢迎。

肯尼斯·古迪在他那本《怎样让人们变成黄金》的书上说：

"请暂停一分钟……把你对自己事情的上心，和他人对你事情的淡定、漠视和冷静作个比较，你就会知道，这个世界的规则就是，除了自己，所有的事都是小事，没人会过度关心你。"也就是说，别人的观点都是立足在自己的角度上的，了解了这一点，便有了与别人交流的基础。

我常在离家不远的一座公园里散步，所以，渐渐对树木有了爱护的心，当我听到树林被火烧掉的消息时，心里会感到非常难受。这些火，不是由于粗心的吸烟者的不小心，就是孩子们来林间生火做野餐造成的。

在公园的边上，有一个布告牌写着："凡引起树林火灾的人，将被罚款或监禁"。可是那块布告牌立在很偏僻的地方，很少有人会看到。公园里有一位巡逻警察，但他对工作并不认真，所以公园里经常会失火。

有一次，我跑到警察那里报告火情，要他马上通知消防队。可是他的反应却特别冷淡，说什么发生火灾的地方不是他本人的辖区。自那次以后，我每次逢骑马来公园，都会巡逻一圈，为保护公共财产尽点力儿。

一开始，一看到孩子们在树下生火做野餐，我心里就非常不高兴，立刻想要制止他们。但是我错了！当时，我骑着马跑到孩子们跟前，严厉地警告他们说：咳！小孩！在树下生火是要被抓起来的！赶快把火熄了！如果不听话，马上把你们抓走——当然我只是吓唬吓唬他们，但也没给他们什么解释的机会。

结果呢？

那些孩子们表面上虽然遵从了我的话，可是心里并不服气，当我骑着马离开后，他们又生起火来，甚至还扬言说想把整个公园烧掉。

几年后，我明白了待人要有技巧，相处要有方法，要从别人的角度去看事的道理。于是，我不再命令或者恐吓。我会对玩火的孩子这样说：

"孩子们，你们玩得高兴吗？你们打算做什么晚餐？我小时候，也喜欢生火做野餐，现在想起来还觉得蛮有意思的。可是你们要知道，在公园里生火是很危险的，不过找知道你们都是好孩子，不会惹出什么麻烦。

"可是别的孩子们，不会像你们这样小心。他们看到你们生火玩，也跟着玩起火来，回家时候没有把火熄灭，很容易把干燥的树叶烧着，结果连树也烧了。假如我们再不小心，好好爱护树木，这个公园就没有树了。

"哦！你们知不知道不允许在公园玩火呢？我不是干涉你们的游戏，我希望你们玩得很高兴。只是建议你们最好别把火堆设在干树叶多的地方，你们回家时，别忘了在火堆上盖些泥土。如果你们下次再想玩，我建议你们去那边的沙堆起火，好不好？那里就不会有失火的危险，孩子们，谢谢你们，希望你们玩得很快乐。"

我的那些话效果往往很好，那些孩子们会很乐意听我的，不反感，也不抱怨。他们觉得满意，我也觉得满意，因为我处理这件事情的时候考虑到了他们的观点。

当我们希望别人完成一件事的时候，不妨闭上眼睛，由对方的出发点来想一想这件事。然后问自己："他为什么要如此做？"是的，那是要费点时间的。可是，那样做不会产生争吵，你没输掉什么，相反还会获得一份友谊呢！

如何养成优美而得人好感的谈吐

倾听所产生的巨大力量，远远超出你的想象。

最近我应邀参加一场桥牌聚会。其实我不大会玩桥牌，巧的是，现场有一位漂亮的女士也不会玩桥牌。闲聊中，她知道了我曾经在汤姆斯从事无线电事业前，做过他的私人助理——那时汤姆斯到欧洲各地去旅行，而我会为汤姆斯录下他沿途的故事。这位女士知道了我的这段经历后，问道："卡耐基先生，能不能请你告诉我，你见过哪些名胜古迹和离奇景色？"

我们索性离开了牌桌，坐到了旁边的沙发椅上聊天。女士接着提到，最近她跟她的丈夫去了一次非洲。我马上说："非洲！哦，那是多么有趣的地方！我总想去一次非洲，可是除了在阿尔及尔停留过二十四小时外，就没有去过非洲的其他地方。你是多么幸运！我真羡慕你……有没有地方让你感觉很不错？你能告诉我关于非洲的那些情形吗？"

那一次谈话，我们足足说了四十五分钟。但话匣子打开后，她便不再问我到过什么地方，看见过什么东西，也没有评论我的旅行。她扮演的是一个专心的静听者的角色，以此使她能扩大自己的视野，增添自己的见闻。

多么棒的一位聆听者！这位女士就像是一位与众不同的人，不是吗？

我最近在纽约出版商格林伯格举行的一次宴会上，遇到一位著名的植物学家。之前我从没有接触过植物学这个领域的学者，对植物学一窍不通，但我觉得他说的话特别吸引人。我像入了迷似的，坐在椅上静静听他请有关植物、植物家的故事和怎样布置室内花园等，他还告诉了我很多马铃薯不为人知的事情。后来，谈到我自己有个小型的室内花园时，他非常热情地告诉我室内花园的一些注意事项。

这次宴会还有十几位客人在座，可是我忽略了其他所有的人，只与这位植物学家长谈。

转眼之间到了子夜时分，我站起来向每个人告辞。离别之时，这位植物学家在主人面前对我大大夸奖了一番，说我的话"极富激励性"，还说我是个最风趣、最健谈，具有"优美谈吐"的人。

"优美谈吐"？我？我明明记得自己几乎没有说话！就我们刚才所谈的内容来说，即使我想谈，也无从谈起，因为我对植物学方面的知识，所知道得太少了。

不过我知道自己为什么获得了植物学家这样高的赞誉。那是因为我仔细地、静静地在听他的话。我确实听得津津有味，同时他也感觉到了我的兴致盎然，所以，便自然地使他感到了高兴。

倾听，是我们对任何人的一种尊敬和善意的行为。伍德福德在《异乡人之恋》中，曾经这样说过："很少人能拒绝接受那种专心中所包含的友好态度。"

我告诉那位植物学家，我很感谢受到他的款待和指导，我特别希望拥有他那样丰富的学识。我告诉他，如果下次还有机会见面，我特别乐意能同他一起去郊外散步。

植物学家认为我是一个善于谈话的人，其实，我不过是一个善于倾听，并且善于鼓励他谈话的人而已。

女士们，不要小瞧这一点，其实，倾听所产生的巨大力量，远远超出你的想象。我想问你，谈生意的秘诀是什么？一位笃实的学者查尔斯·艾略特曾说过："谈成生意没有什么神秘的诀窍——最重要的是好好听别人说话，再也没有比这个更重要的了！"

这是最省心省力的一个方法，不是吗？这个方法不需要你花四年时间去哈佛大学研读各种商业理论。很多商人会租用地角最好的店面，会减低进货成本，会陈设最新最漂亮的橱窗，会花费巨额的广告费用……可是所雇用的，却是那些没耐心听顾客讲话的店员。那些店员，截断顾客的话、反驳顾客、激怒顾客，似乎要把顾客撵出大门才甘心。

赫达在新泽西州纽华城的一家百货公司里买了一套衣服。回家后才发现。这套衣服质量太差了：上衣褪色褪得很厉害，还把另一件衬衫染黑了。

赫达拿着这套衣服回到那家百货公司，找到那个售出这件衣服的店员，想告诉他这件衣服的情况，然后找个解决方案。但是，赫达沮丧地发现，那位店员根本没有给让自己把话说完的机会，自己想要说的话，都给那位有点口才的店员给中途截断了。

那位店员先是这样说："这款衣服，我们卖出去已经有几千套了，这是第一次有人来挑剔质量不好。"

那店员说话的声音特别大，他话中的含意就像是："你在说谎，你以为我们是可以欺侮的吗？想来找事儿？哼！那我就给你点颜色看看！"

这时，另外一个店员插嘴进来，那店员说："所有黑色的衣服，起初都会褪一点颜色的，那是无法避免的情况……再说，那种价钱的衣服都避免不了发生褪色的情况，如果料子好点的话就不会出现这种情况了。"

听到这里，赫达满肚子的火都冒了起来：什么意思？第一个店员，话里话外在怀疑我的诚实；第二个店员，暗示我买的是便宜货……

赫达正要责骂他们，那家百货公司的负责人走了过来。

这位负责人处理了这件事，他让赫达的愤怒消失于无形。他是怎么把一个恼怒的人，变成了一个满意的顾客呢？他把这件事分成了三个步骤：

第一步，他让赫达从头到尾，说出了自己的这次购物经过，而他静静地听着，没有插一句话；

第二步，当赫达讲完那些话后，那两个店员又开始争辩了。可是那位负责人，却站在顾客的角度跟他们辩论。负责人说：这位顾客的衬衫领子，很明显是由这套衣服染脏的……这种不能使客人满意的东西，是不应该卖出去的；

第三步，负责人不但承认自己不知道这套衣服质量会这样差劲，而且诚恳地对赫达道歉说："你认为我应该怎么处理这套衣服，请尽管吩咐，我完全可以依照你的意思来办。"

几分钟前，赫达还想把这套讨厌的衣服退掉，可是现在，看到了对方诚意的赫达却回答说："我可以接受你的建议，其实我只是想知道，这种褪色的情况是不是暂时的——或者问问你们有什么办法可以使这套衣服不再继续褪色。"

于是负责人建议赫达把这套衣服带回去，穿一个星期后再看看情形。他这样说："如果到时你仍然不满意的话，可以拿过来换一套满意的，如果由此增加了你的麻烦，我感到非常抱歉。"

赫达满意地离开了那家百货公司，那套衣服经过一个星期后，没发现还有别的毛病，褪色的情况得到了改善，洗过两次就不再褪色了，而赫达本人也恢复了对那家百货公司的购买信心。

女士们，这种情形你会不会感同身受？给人好感的谈吐可以挽留一位顾客，但不是每个人都拥有这种能力——这大概也是那位负责人之所以成为百货公司的负责人的原因之一吧。至于那些店员，如果继续和顾客争论或习惯于嘲讽，不但得不到升迁，恐怕还会有失去工作的风险吧！

两年学说话，一生学闭嘴

> 大多数时候，我们说得越多，彼此的距离却越远。

　　海明威说：我们花了两年学会说话，却要花上六十年来学会闭嘴。大多数时候，我们说得越多，彼此的距离却越远，矛盾也越多。在沟通中，大多数人总是急于表达自己，一吐为快，却一点也不想懂对方。两年学说话，一生学闭嘴。懂与不懂，不多说。心乱心静，慢慢说。若真没话，就别说。

　　越是有故事和阅历的人，表现的越是简单和沉静；而自夸和滔滔不绝说话的人，更多的只是肤浅和浮躁不安。

　　没几个人喜欢和自吹自擂的人谈话——炫耀出国旅游，没出过国的人听着刺耳；炫耀知识渊博的人，多半是个穷光蛋；炫耀孩子让人听着不耐烦；炫耀汽车未免过于廉价；炫耀自家屋宅，听的人横竖又住不到；炫耀妻子的人简直自找麻烦……炫耀只会让听者不耐烦。炫耀的人洋洋自得，感觉自己掌握着谈话的主动权，其实，夸夸其谈最容易失败。

　　正确的交流方式是应该尽量让对方多说话，让对方说出自己的意见。交谈中不要插嘴，即使有不同意见，也要静静地听下去，并且用最诚恳的态度鼓励他，让他把所要说的话全部说完。

几年前，美国一家最大的汽车公司需要采购大量的汽车坐垫布。当时有三家厂商把样品送去备选，汽车公司的高管看完货后，便和三家厂商约定，在某一天各派一位代表前来商谈，到时再确定选购谁家的产品。

奎妮是其中一家厂商的业务代表，见面那一天，她偏偏患了严重的喉炎，只好硬着头皮前去洽谈。奎妮被带进一间办公室，看到里面放着一张桌子，桌子周围坐着那家汽车公司的纺织工程师、采购经理、推销主任和总经理。过度的焦虑让奎妮失声了，连一点句话也说不出来了。

奎妮急中生智，用笔把话写在纸上："诸位先生，我嗓子哑了，不能说话。"

那位总经理说："好吧，让我来替你说。"这位总经理真的这样做了，他把奎妮的样品一件件展开，并逐一品评，和其余的人展开了热烈的讨论。由于那位总经理是替奎妮说话的，所以在讨论的时候，很自然地站在奎妮的角度上发言。而奎妮只能点头微笑，或是用手势来表达自己的意思。

没想到，最后的结果是奎妮获得了这份订单，这家汽车公司向她订购了总价一百六十万元的坐垫布，这是奎妮经手过的最大的一份订货单。

这真是一次奇特的订货会，最后的胜出者竟然是一言不发的奎妮！若不是她因为喉咙嘶哑，说不出话来，可能还争取不到那份订货合同呢！通过这次订货会，奎妮发现，让别人多说，是一件好事。

费城电气公司的维布伦也发现了这个道理。那一天，维布伦在宾夕法尼亚州一个富庶的荷兰农民区进行调查——电器公司在这里的业务开展得很糟。

维布伦问该区的代表："这些客户为什么不爱用电？"

那代表愁容满面地说："他们啊，都是些守财奴，卖给他们任何一点东西都难于上青天。而且他们对我们公司很排斥，我跟他们谈过多少次了，但毫无希望。"

维布伦相信代表说的情况确实存在，可是他愿意再尝试一次。于是，他敲了敲这农家的门，门开了个小缝，一位老太太探出了头。老太太一看是电气公司代表，马上关上了门。维布伦又上前敲门，老太太很勉强地又把门打开了，说，自己不想接触电气公司的人。

维布伦笑着说："太太，我很抱歉打扰了你——我不是来向你推销电气的，我只是想买些鸡蛋。"老太太把门开得大了些，探头出来怀疑地望着我们。

维布伦说："太太，我看你养的都是顶呱呱的多敏尼克鸡，所以我想买些新鲜鸡蛋。"

听了这话，老太太把门又拉开了些，好奇地说："你怎么知道我养的是多敏尼克鸡？"

维布伦说："我自己也养鸡，可是从没有见到这么好的多敏尼克鸡。"

老太太怀疑地问："那么你为什么不用自己家的鸡蛋？"

维布伦回答说："因为我养的是来亨鸡，下的是白蛋——你一定知道，做蛋糕时，白色的鸡蛋不如棕色的好。我太太能做得一手好蛋糕，她对原材料总是很挑剔，总是用最好的。"

这时，老太太才彻底把门打开，态度也温和了许多。此时维布伦透过门，看到院子里有座很不错的牛奶棚。

维布伦接着说："太太，我可以打赌，你养鸡赚的钱，比你丈夫那座牛奶棚赚的钱还要多。"

老太太顿时眉开眼笑，她高兴地对维布伦说："当然是我赚的钱多了，可是我家里的老顽固死活不承认！"

于是，老太太热情地请维布伦去参观她的养鸡房，在参观的时候，维布伦真诚地称赞她的鸡养得肥、下蛋大，两个人你一言我一语的谈论起养鸡经来。

谈话之间，这位老太太主动说，她的几位邻居都在自己的鸡房里装置了电灯，据她们说，效果还不错。老太太诚恳地征求维布伦的意见，说既然通了电的鸡房产量会提高，那如果她用电的话，电费是多少？划不划得来？

两星期后，老太太的鸡房里，一群多敏尼克鸡在电灯的光亮下又跳又叫，蛋下得比以前多了。维布伦做成了这笔交易，老太太得到了更多的鸡蛋，双方皆大欢喜。

但是这故事的重点却不在双赢的结果，而是如果维布伦不投其所好，耐心地听老太太讲述自己欢乐的养殖生活的话，他将永远无法将电气卖给这位节俭而顽固的荷兰农妇。这种客户决不能"叫"她买，而必须要让她自己主动来买。

位于纽约的一家大型报业公司要招聘一位经验丰富、工作能力强的人士，并在其报纸的经济版中，刊登出一则篇幅很大的广告。科博里斯也向该报业投了简历。几天后，他接到了面试的电话。听到这个消息后，他专门到华尔街打听该报业机构创办人的事迹。

面试的时候，科博里斯对面试官说："能成为这样伟大的机构中的一员，我将会十分自豪。听说28年前你们刚创业的时候，除了一间屋子、一套办公桌椅和一个速记员外一无所有，这是真的吗？"

白手起家的成功者，往往喜欢谈及早年拼搏的情形，眼前这位负责人，显然也不例外。他开始说起当年是怎样仅凭着450元现金和一股创业激情就开始开创事业的。期间经过了怎样的困难和失望，最后又怎样挺了过来……连节假日也不休息，每天工作长达12—16个小时，又如何战胜困难，创业成功。时至今日，就连华尔街最有身份地位的金融家都来向他请教，他非常自豪于自己的成就……最后，他简单询问了科博里斯的情况，便叫来他的副经理，说："这位先生就是我们需要的人。"

科博里斯靠着对公司和领导的详细了解，靠着愿意了解公司，了解公司里的人，靠着愿意关心公司历史的态度，来促使面试官多说话，从而让对方对自己留下了很好的印象。

这就是人际交往的事实，即使是我们的朋友，也宁愿多谈他们自己的成就；喜欢听我们吹嘘的人，可以说少之又少。

法国哲学家罗希夫格曾这样说过："如果你想多一个仇人，你就胜过你的朋友；如果你想多一个朋友，就让你的朋友胜过你。"这句话是什么意思呢？罗希夫格的意思是说，当朋友胜过我们时，那就可以满足他的自尊心。但当我们胜过朋友时，会使他有种自卑的感觉，由此生发出引起猜疑和妒忌。

所以，亲爱的女士们，即使你有不错的境遇，但也应该保持谦逊，人人都喜欢温柔善解人意的姑娘，长此以往，你将会受到相当的欢迎。仔细想一想，你实在没有什么可以夸耀的，百年之后，我们都将被人遗忘。别把我们那点不值一提的成就作为谈话的资料，以免让人心生厌烦。在人际交往中，聪明女人的做法应该是：少夸耀自己，鼓励别人多说话。

你希望别人怎样对待你，你就该怎样对待别人

从现在开始，你每天都可以让别人快乐起来。

一个温柔的人，往往是因为自己曾被温柔对待，所以才深深了解那种被温柔相待的感觉。一个人对待别人的方式取决于如何被别人对待，而如何被别人对待，往往取决于如何对待别人。

关于人际关系，哲学家思考了几千年，而所有思考的结果，都指向一条定律，那条定律十分古老。三千多年前，琐罗亚斯德把那条定律教给所有拜火教徒；两千多年前，孔子在中国宣讲过这条定律；公元前五百年，释迦牟尼也将那条定律留传人间；两千年前，耶稣把那条定律，归纳为："你希望别人怎样待你，你就该怎样去对待别人。"

千篇一律、整齐划一的时代一去不复还了，当代社会尊重每一个人的活法，但前提是这个人也要尊重别人的活法。你想要跟别人都赞同你，想要别人承认你的价值，想要在你的小世界里有一种被人尊重的感觉；你不希望受到不真诚的阿谀，你渴求真诚的赞赏。你希望你的朋友，"诚于嘉许，宽于称道"。但你想过没

有，不止是你，所有的人都需要这些。

所以让我们记住这句话："你希望别人怎样待你，你就该怎样去对待别人。"你希望别人给你什么，你就要先给对方什么。

怎么去做？什么时候去做？在什么地方做？这个答案是："所有的时间，任何的地点。"

例如有一次，我去无线电公司的询问处，打听亨利·苏文的办公室的电话号码。那个穿着整洁制服的咨询员，显露出一种很高大上的感觉，他口齿清晰地回答："亨利·苏文（顿了顿），十八楼（顿了顿），1816室。"

我走向电梯，想了想，接着又走了回来，向那个咨询员说："你回答问题的方法很漂亮，很清楚，你的口气像一个艺术家，实在不简单。"

他脸上现出愉快的光芒，随后滔滔不绝地告诉我，为什么自己在答话时，中间要顿一顿，为什么每句话的几个字，要那么说……他听了我赞赏的话后，高兴得把领带又拉高了一些，而我觉得我增加了人们的快乐。

你不需要等到担任了省长，或者是做了一个上市公司的主席时，才去称赞别人，从现在开始，你每天都可以让别人快乐起来。

平时的客气话，像"对不起，劳驾，请，你会介意吗？谢谢你！"经常使用，可以减少人与人之间的纠纷，同时，也能自然地表现出你高贵的人格来。

著名小说家科恩是个铁匠的儿子，他一生没有受过八年以上的教育，可是在他去世的时候，却是当时世界上一位最富有的文人。

原来，科恩虽然没接受多少教育，却很喜欢诗，诗人中他最喜欢罗塞蒂，于是他读遍了罗塞蒂的诗。科恩甚至写了一篇文章来歌颂罗塞蒂的成就，还送了一份给他——罗塞蒂自然很高兴，他对别人说："一个年轻人对我的诗有这样高超的见解，他一定很聪明。"

于是，罗塞蒂请这个铁匠的儿子来伦敦，当自己的私人秘书。科恩的人生，就从这里开始转折。他借着做秘书的便利，见到了许多大文豪。由于受到了他们的指导和鼓励，科恩顺利地展开写作的生涯，最终得到了极大的成功。

科恩的故乡格利巴堡，如今已经是旅游的圣地，人们纷纷来这里凭吊这位著名人物，而科恩的遗产有二百五十万元之多。但是，如果当初他没有写那篇赞赏罗塞蒂的演讲稿，可能会默默无闻，和其他的穷孩子没什么两样，一生贫困，直到去世。

这就是真诚带来的奇迹，也是赞赏的力量。有的人有了一点小小的成就，便开始看不起别人，结果总会引起别人的反感和憎厌；而总是关心着别人冷暖的人，走到哪里都受人欢迎。

罗克珊去长岛去看望一位远房老姑妈。罗克珊决心把培训班上学过的尊重、赞赏别人的知识全用在老姑妈身上——因为她面对着久未见面的老姑妈，简直不知道该说些什么。于是，罗克珊朝屋子四周看了看，找了找值得赞赏的东西，但一眼看过去，实在乏善可陈，她只记得这座房子建了很久了。于是，罗克珊和老姑妈搭讪："姑妈，这栋房子是四十年前建造的，是吗？"

"是的，"老姑妈回答："正是那年造的。"

罗克珊说："这座房子让我想起我出生的那栋房子了……这两栋房子都非常美丽，装饰也很有特点，独具匠心——但现在的人都不讲究这些了。"

"是啊，"老姑妈频频点点头："现在的年轻人啊，根本不讲究住这样精致的房子，他们只需要一座没有特点的公寓，再有就是一辆汽车而已。"

一说起老房子，老姑妈仿佛陷到了对过去的记忆里，她轻柔地说："这是一栋最理想的房子，因为它是用'爱'建造起来的。我和我的丈夫，在建造这座房子之前，已经构思了很多年。建房子的时候，我们没有请设计师，完全是我们自己设计的。"

老姑妈非要领着罗克珊去各个房间参观。罗克珊边走边看，对姑妈用了一生的时间珍藏的各种东西，像法国式床椅、古式的英国茶具、意大利的名画，以及一幅曾经挂在法国封建时代宫堡里的挂毯，都真诚地给予了赞美。

兴致勃勃的老姑妈带罗克珊参观完房间后，又带她去了车库。车库里停着一辆看上去几乎没用过的凯迪拉克牌汽车。老姑妈温柔地对罗克珊说："孩子，这辆车子，是我丈夫去世前不久买的。自从他去世后，我就再也没有坐过。我觉得你是一个懂得欣赏的孩子，我决定把这部车子送给你。"

罗克珊感到很意外，她连忙婉转谢绝说："姑妈，我感激您的好意，可是我不能接受这么贵重的礼物。我已经有了一辆车，何况您有很多更亲近的亲戚，相信他们都会喜欢这部车子的。"

"亲戚！"老姑妈提高了声音说："是的，我有很多更亲近的亲戚，但是他们的眼睛永远是红的，他们就盼着我赶快死掉，他们就可以得到这部车子，可是，他们永远得不到。"

罗克珊安慰老太太说："姑妈，你不愿意送给他们，也可以把这部车子卖掉。"

"卖掉？"老姑妈差点喊了起来，"你觉得我会卖掉这辆车子？你想我会忍心看着陌生人使用这辆车子？不，孩子，这是我的丈夫特地替我买的，我做梦也不会想卖。我愿意交给你，因为你懂得如何欣赏一件美丽的东西！"

罗克珊本来不愿意接受她的赠予，可是她实在不忍心伤了老姑妈的感情。

这位老太太独自一个人住在这栋宽敞的房子里，对着屋子里精致、珍贵的陈设，缅怀以往——她希望有一个人能和她分享这种感受。老姑妈也有过一段金色的年华，那时的她美丽动人，被许多男士所追求。但姑妈只爱上了姑父一个人，她们一起建造了这栋孕育着爱的房子，还用了很长的时间，从欧洲各地搜集了很多珍品来装饰自己的房间。

现在的老姑妈，风烛残年，孤零零一个人活在这世上。她最渴望的，就是能获得一点人间的温暖，一点出于真心的赞美——

可是，就连这点卑微的愿望都没人给她。

当她发现她找到可以一同分享自己感受的罗克珊的时候，就像沙漠中涌出一泓泉水一般，让她的心底生发出一种感激，她情愿把这部昂贵的凯迪拉克牌汽车赠给这个给她带来关心和爱的人。

亲爱的女士们，事情的经过就是这样，罗克珊一次善意，换来了这样珍贵的感激。在我们的日常生活中，会遇上各种各样的人，各种各样的事，你不可能和每一个人都合拍，但是任何时候都别忘了，人际关系却有这样一条定律，那就是：你希望别人怎样待你，你就该怎样去对待别人。

PART 6

工作不是为了讨好领导，
而是为了讨好自己

当你的才华还配不上你的野心时

> 有一种落差是，你的行为配不上自己的野心。

世间看似熙熙攘攘，其实浮华都是身外之物。热闹散场后，大家各走各的路，各自发展各自的事业。很多人总在幻想，自己是最重要的人物，不可或缺；自己是最有才华的人，别人都得低头认输……但这种想法不过是自以为是、一厢情愿罢了，事实是，地球离开谁都在转。女士们，我们可以有自信心，但是不要有自恋心。因为有一种落差是，你的行为配不上自己的野心。

美国著名指挥家华特·达姆罗施20多岁就当上了乐队指挥，后来还长期担任纽约交响乐团的指挥，但他总是保持着谦和、勤勉的作风，从来没有目空一切的高傲之气。面对大家的钦佩，他讲了自己的这样一段往事：

"刚当上指挥的时候，我很年轻，不免有些飘飘然，觉得自己是天生的指挥家。一天排练，我忘了带指挥棒，正要回家去拿，我的助理说：先生，不用那么麻烦，向乐队其他人借一根就可以了。我的心里忍不住嘲笑助理糊涂——乐队就我自己用指挥棒，别人没事带个这个干什么？但我还是随口问了一声：请问谁有指挥棒可以？没想到话音没落，大提琴手、小提琴手和钢琴师，各自掏出了一根指挥棒。我十分惊讶，这时才明白：原来自己并不是什么独一无二的人才，努力的人太多，随时想取代我的人什么时候都不少。以后，每当我偷懒或骄傲的时候，那三根指挥棒就会在我的眼前晃动。"

有人说：如果这世界上真有奇迹，那只是努力的另一个名字。我们要努力的就是，发展自己，别让自己的才华配不上自己的野心。同时，正视自己，摆正自己的位置，端正自己的心态，有时候你以为天要塌下来了，其实是自己站歪了。

作家卡梅隆·希普在好莱坞华纳兄弟影业公司的宣传部工作。作为一名专栏作家和自由撰稿人，他负责为报纸和杂志撰写有关华纳公司明星动态的文章。他的文章情节紧凑，语言生动幽默，一时间很受读者的欢迎。

由于他出色的工作能力，卡梅隆被提升为宣传部副主任，还被授予了一项很唬人的头衔——总经理助理。他马上拥有了一间大办公室、一套新的办公设备以及两名秘书，并且能够直接指挥75名撰稿人员、宣传人员和技术人员。面对突如其来的待遇，卡梅隆有些飘飘然了，他自我感觉良好，立即买了一套价格不菲的新西服，把自己打扮得派头十足。卡梅隆开始尝试着用威严的口气讲话，以极其权威和庄重的态度下命令，即使吃饭也显得更加匆忙。

那段时间，卡梅隆的感觉是：华纳影业公司全部的公共关系政策全压在自己一个人的肩上，他甚至认为，公司的一些演员，例如影帝詹姆斯·卡格尼、爱德华·鲁滨逊、贝蒂·戴维斯这类大牌明星的命运都尽在自己的手中，所以终日摆出一副忧心忡忡的面孔。

就这样，不到一个月，卡梅隆就觉得自己的健康状况每况愈下，他得知患了胃溃疡，甚至怀疑自己得了癌症。

卡梅隆当时还担任着银幕宣传指导委员会策划部主席的职位。他原本十分喜欢这项工作，很高兴能在指导会议上和老朋友见面。但是，这些会议后来却变成他最害怕的事情。每次开完会，他总是觉得很不舒服，不得不在半路上停车，让自己下车呼吸新鲜空气。他觉得压在自己肩头的工作越来越多，而时间又越来越少。这些重要的事情怎么能总拖着不办呢？卡梅隆感觉自己就要崩溃了。

就这样，卡梅隆因为沉重的精神负担，导致常常失眠，体重日趋减轻，人也变得越来越憔悴。

后来，一位广告合作伙伴向卡梅隆推荐了一位著名的内科医生，这位医生曾经为许多广告商治疗过类似的疾病。他寡言少语，只问患者到底哪里疼，以及从事什么工作，而且这位医生关于工作方面的问题明显要比症状本身问得更多。

就诊了两个星期之后，医生通知卡梅隆可以拿结果了。卡梅隆忐忑不安地来到医生那里，只见医生神情轻松，往椅背上一靠，说道："希普先生，我们已经给你进行了全面检查。其实从第一天第一次给你做检查之后，我就知道你并没有患胃溃疡，但我知道，你的个性和你目前所从事的工作，会让你无法信任我的诊断，所以我还是给你做了各种详细的检查。这些检查的结果已经出来了，现在让我来告诉你结果吧。"

医生一边拿出各项检查图表以及X光检测结果，以便对卡梅隆说："这可能会让你感到不满意，但我觉得十分恰当。我替你开的药方就是：别再发愁了。"卡梅隆听到这话后，立刻认为医生在戏弄他，他正想破口大骂，医生却接着说："请注意，我知道你没办法立刻使用这个药方，所以我给你另外开了一些药丸，其中含有莨的成分。你想服多少就服多少，用完了再开——这些药能使你保持轻松。要记住，你可以不吃这些药，只要你不再发愁，一切都会好的。如果你又开始发愁了，请务必来我这里'治病'，我很乐意拿走你的一大笔诊断费，你愿意吗？"

从医生说完这些话后，卡梅隆的病就慢慢开始好转了。但是忧愁不是说消失就消失的，每当他觉得忧愁时，就吞下几颗药丸来"缓解"自己的"病情"。

慢慢的，卡梅隆觉得自己实在太可笑了。连医生都说自己没病，自己还靠服用这些药物来维持心态。自己本来是个智力超群的男人，身体又高又壮，而没病还吃药的行为，让自己像个歇斯底里的疯婆子。

当朋友们问他为什么服用那些药丸时，卡梅隆总是觉得羞愧难当。渐渐地，他开始嘲笑自己，对自己说："喂，卡梅隆，你的行为就像个大傻瓜！你将自己捧得太高了，将自己小小的事业看得太重了。贝蒂·戴维斯、爱德华·鲁滨逊早在你接手他们的宣传之前就已是世界闻名的影星了，即使你突然死了，华纳公司和那些明星们也不会受什么影响。你看，艾森豪威尔、马歇尔、麦克阿瑟这些将军，都曾经参与过世界大战，在枪林弹雨中工作，人家却用不着服用药丸。而你却要靠吃那些小药丸，才能继续工作……"

几个星期后，卡梅隆开始厌恶服用那些药丸。不久，他就将那些药丸扔进了马桶里。他开始每天晚上准时下班，稍微睡一小会儿，然后吃晚饭。渐渐地，卡梅隆恢复了正常的生活，再也没有去看医生。

卡梅隆对我说：他很感激那位医生，与那次所付出的高昂诊断费用相比，医生教给他保持轻松，消除烦恼的方法，可以说是无价的。卡梅隆为医生的高明，就在于一开始并没有嘲笑他，而是给了他一小盒药丸，而他早已知道，能治好那种病的药，并不是那些小药丸，而是卡梅隆自己。

哲学家尼采说："一个人知道自己为什么而活，就可以忍受任何一种生活。"这句话想告诉我们，首先要明确自己的目标，知道自己究竟需要什么，然后心无旁骛地去追求。在追求的过程中，无论是自高还是自恋，都会导致你被生活淘汰。当你的才华配不上你的野心时，你需要做的仅仅是看清自己，生命中最难的阶段不是没有人懂你，而是你不懂你自己。

不做必定让你后悔的工作

> 一个有梦想的人是幸运的。

找到理想的工作，做自己喜欢做的事情，可以说，每一个年轻人都会这样憧憬，特别对于内心细腻的女孩子来说，更是如此。如果你仍然在寻找理想工作的路上跋涉，阅读这些内容将对你的未来产生影响。

你如果还不到20岁，或是即将面临毕业，你总要做出生命中最重要的一项决定——这项决定将深深地改变你的一生，将对你的收入、健康和幸福产生巨大而深远的影响。这项决定可以造就你的未来，也或许会让你的前途黯淡无光。

这项重要决定是什么？

那就是，你未来将以什么方式谋生？

你是想做一个商人、行政人员、化学家、管理者、白领、医生、教授，或者只是想摆一个肉饼摊？无论答案是什么，你需要对自己即将从事的行业进行选择。

其实，这种选择本身像是在赌博。思想家哈里·爱默生·福斯迪克在他那本《洞察一切的力量》一书中，就这样说过："每个小男孩在决定怎样度过自己的假期时，都是赌徒，他必须用自己的日子做赌注。"

既然如此，我们怎样做，才能降低选择的风险呢？

很简单，那就是努力寻找自己喜欢的工作。

有一次，我向格尔古里奇公司的董事长大卫·格尔古里奇先生请教，成功的第一要素是什么？这位成功的轮胎制造商回答说："喜爱你的工作。如果你热爱自己所从事的工作，哪怕工作时间再长再累，你都不觉得是在工作，相反像是在做游戏。"

我曾经听查尔斯·史兹韦伯说过类似的话："每个从事自己无限热爱的工作的人，都可以获得成功。"

要从事自己热爱的工作？也许你对此完全没有概念，什么样的工作才是自己热爱的呢？现任美国家庭用品公司工业关系副总裁的卡尔太太，曾经为杜邦公司面试过数千名员工，她说："在我看来，世界上最大的悲剧，莫过于有太多的年轻人从来没有发现自己真正想做什么。想想看，一个人在工作中只为赚到区区一份工资，其他方面则一无所获，是一件多么可悲的事情！"

的确如此。很多年轻人不了解自己真正喜欢的是什么，或者不确定自己能否为此付出一生的努力，他们往往开始时充满了不切实际的幻想，但是很长的一段时间过后依然一事无成，于是变得沮丧，不思进取，直至胡乱地度过自己的一生。

一个有梦想的人是幸运的，当她怀揣梦想踏上人生旅程的时候，她不会因为迷茫而不知所措；当她经历了世间风雨，见识了人情冷暖，还坚持着最初的梦想，便会发现，这个世界是美好而值得流连的。可这样的人只是人群中的少数，大多数人只是将就着过，不会认真对待自己的工作，他们只求安稳就好，在无穷的琐事中渐渐消磨了自己的意志，变得平庸苍白，毫无想法。

可能你的梦想在别人看来是幼稚可笑的，但是因为那是你喜欢做的，是你内心的对自己最真实的期待。人总要做点自己喜欢的事，不是吗？

很多人不知道的是，从事自己喜欢的工作，还有益于身心健康。霍普金斯医院的雷蒙教授配合几家保险公司进行了一项有关长寿的调查，在影响寿命的诸多因素中，他将"正确地工作"放在第一位。这一结论与苏格兰历史学家托马斯·卡莱尔的思想不谋而合："那些找到自己心爱工作的人最幸福，因为他们无须向别人祈求幸福。"

最近我拜访了索柯尼石油公司人事经理保罗·波恩顿，与他畅谈了一个晚上。在过去的二十年中，他曾面试过七万多名应聘者，还出版过一本名字叫《赢得好工作的六种方法》的书。

我请教他："如今的年轻女孩在求职时，最容易犯什么错误？"

"不知道自己想干什么"，他回答道，"想想看，一个女孩在选择工作时花费的精力，竟然比购买一件可能穿几次就会扔掉的衣服还要少，这让人吃惊了！尤其是她未来的命运和富足很大程度上要依赖这份工作的时候。"

我们应该怎样理清自己迷茫的就业思路呢？首先，我们静下心来想想自己究竟喜欢什么，如果仍旧毫无头绪，我们不妨进行职业规划，但请注意，职业规划师也许可以帮你，但也许也会害你，这全然取决于职业规划师的能力和业务素质——这个新行业还远没有达到完美的程度，虽然其前途很光明。

但无论如何，这些职业咨询机构会给你提供一些合理化建议，你可以接受职业测验，并获得指导意见。但请记住，最终作决定的，应该是你，而且必须是你。

那些职业规划师说的不都是真理，他们彼此之间也常常有分歧，甚至会犯下荒谬的错误。举个例子来说，一名职业规划师曾经建议我的一个学生去当作家，原因只不过是因为她掌握的词汇量很丰富。这种所谓的职业规划是多么可笑啊！

事实上，决定从事一项职业并没有那么简单。就拿当作家来说，一名作家要想将自己的思想和情感充分地传达给读者，仅仅掌握了丰富的词汇是远远不够的，更需要有独立的思想、丰富的人生经验和分享的激情。如果我的这个词汇丰富的学生接受了这个职业建议，其结果会是，从一个自信的一流编辑变成了一个拙劣的三流作家。

需要进一步强调的是，包括我本人在内的职业规划专家并不是绝对可靠，因此，你应该多找一些了解行业知识的人进行咨询，然后来判断他们提出的各种意见，并选择出一种最符合常识或者自身条件的行业。

亲爱的，请记住，不可盲目，不可随波逐流，不要一开始就让自己以将就的心态来从事日后必定让你后悔的工作。

让你的时间大钟镌刻上"现在"

> 我们只拥有今天的二十四小时。

那些在事业上取得成就的人，都深深知道时间的价值，他们的时间大钟上，只镌刻着两个大字："现在"。德国哲学家叔本华曾说："普通人只想到如何度过时间，可是有才能的人却设法利用了时间。"每天只有二十四个小时，你是否想知道，那些最忙的女性是怎样在短短的时间内完成巨大的工作的？

每天，罗斯福总统夫人的日程表都排得满满的——写作、在各地演讲、开展外交活动，很多年龄还没她一半大的女性也难以胜任这些繁重的工作。她在纽约刚接受过我的采访，立刻就飞往另一个城市参加集会。当我向她询问，如何才能有效地安排要完成的事情，她的回答简单明了："我从不浪费一点时间。"罗斯福夫人告诉我，她每天天不亮就起床，一直工作到深夜。她那些发表在报上的专栏文章，都是利用会见或会议之间的空隙完成的。

和罗斯福夫人一样，每个人都拥有一天的二十四个小时，而我们又是如何度过的呢？我们总是没时间做自己喜欢的事；没时间读一些好书；没时间学习；没时间带孩子去动物园；没时间参加联谊会等……

《如何创造婚姻生活》的作者保罗·波派诺博士在自己的书中说：很多女性都觉得做家务占用了太多时间，这种想法并不正确。如果女性将她一星期内的时间安排详细记录下来，结果一定会让她大吃一惊。如果你也这样记录一下，你会惊讶地发现，类似"十点至十点十五分，和马蓓儿电话聊天""下午一点至二点，和邻居聊天""八点至下午三点，和哈力叶特逛街，并在外面吃午餐"这样的记录太多了。当记录了一个星期以后，你将会清楚地发现自己在平常的生活中是如何浪费了时间。

我们每天浪费的时间简直是数不胜数，比如等待某人的电话；等候公共汽车和地铁；在美容院的冷气机下面发呆……为什么我们不能将这些时间好好利用起来呢？

已故的哈尔兰·史东先生是美国最高法院的首席法官，他就非常懂得利用这些时间。有一次，他对一个大学应届毕业生说："有很多重要的事情通常用十五分钟就能够完成，但是人们往往会忽视这段时间，将它浪费掉。"

约·基尔兰先生是个"万事通"。人们经常看见他在乘坐地铁的时候，聚精会神地看《济慈诗集》，或是一些专业论文。

西奥多·罗斯福总统是博物学家、历史学家和演说家，被认为是美国最多才多艺的总统之一。他有阅读的习惯，桌上总是放着一本书，两次会见之间的空隙里，他总会抓紧时间看会儿书，有时甚至只有二至三分钟时间。他的儿子小西奥多·罗斯福说过:"我父亲的卧室里总有一本诗集,他总是一边穿衣服,一边背诵一首诗。"

很多人的生活不见得比总统更忙,但她们常常叫喊:"人家太忙了,哪有时间看书啊!"

真是这样的吗?恐怕不见得。时间就像海绵里的水,总会挤出一点。我为这本书收集资料,用的是工作之余的休息时间,最后编写时也是利用午睡的两小时空档完成的。另外我还发现,如果在餐桌旁摆上一本书,就可以趁着每天饭前饭后的时间看完它。

学习有效的时间管理方法,就可以好好地利用那些时间空档来做自己想做的事情了。你是否想提升自己的外在形象?是否一直想学习一门外语?是否想写点文章、画几笔画?是否要出去旅行?这些事情都可以用省出来的时间来完成。

工程心理学家弗兰克·吉尔布雷思曾经写过一本畅销书《一打比较便宜》,讲述的是他自己的家庭故事。弗兰克和妻子莉莉安·吉尔布雷思博士共有十二个孩子,为了管理好家庭,他俩试图将时间管理的方法带进家庭中。从小,他们就培养孩子们树立这样一种观念:时间是上天赐予我们的一份礼物,必须有效率地利用每一分钟,不能浪费。孩子们即使在早晨起床刷牙准备上学的时间里,都要从父亲放在浴室的海报上学几个新字。在他们家里从来不会浪费时间,家事总是安排得井井有条。

萨尔瓦多先生是个工程师,他的妻子迪娜·盖塞缇是他的助手。平时，盖塞缇太太除了照顾三个儿子，料理一成不变的家务以外，还担任丈夫的秘书、会计、人事经理和研究助手，同时，她还负责地方社团和教师家长的联谊会工作。

盖塞缇太太对我说过她是怎样进行时间管理的：

家里有了三个调皮的小家伙后，庞大的房间和花园就更加需要整理；我还要做丈夫的秘书，为他整理文章，构思改进方案，还要提醒他的日程安排；此外还要负责社团活动、宣传文化……我的工作比别人多出两倍。当我给孩子们热奶瓶的时候，打扫的时候，都会想出许多增加工作效率的方法。尽可能用最短的时间做完基本的工作，就能够拥有更多的时间做自己喜欢的事情。

有时候，我们会抛开所有日常事务，集中精力去做一件重要的事情——我们制订的工作进度表非常有弹性，不是一成不变的。有效率有秩序的计划，让我们的生活既充实又富于变化，我感觉过得十分幸福。

盖塞缇夫妇懂得如何协调工作和生活的关系，他们的做法是追求成功者必须考虑的。或许你已经发现，那些推动本地社团工作或负责家长教师联谊会的人都是你身边最忙碌的人。但是，她们看上去总是比懒人有更多的时间。难道她们是雇了两个女佣或者没有孩子？每天过着在床上吃早餐，下午打桥牌的悠闲日子，才有时间去做这些事儿？不，这些年轻女性都有自己忙碌的工作，都有孩子，还有一个同样忙碌的丈夫，那她们哪来的时间去做那么多事？这仅仅是因为她们会合理安排自己的时间的缘故。

生活节奏很忙碌，白天的时间总是不够用。有的人会牺牲睡眠时间来工作，但这样只会让自己焦虑易怒、思维混乱，因此时间管理是最有效的一条路。为了帮助你能更有效地利用时间，请学会以下规则：

◎真实记录每天用的时间，检查时间浪费在哪里；

◎制订下周的时间计划，合理安排每一件事情。也许会出现计划外的事情，但如果坚持按工作计划表行事，你会发现时间增加了；

◎使用省时省力的方法。比如一次买完所有东西或计划出一个星期的菜单；

◎利用每天"浪费掉的时间"去做你从没时间做的事；

◎提高工作效率，用一份时间做两倍工作——例如，盖塞缇太太热奶瓶的时候，会同时帮丈夫制订活动计划；等待烤箱中的肉熟时，会处理公文；看着孩子们在公园玩耍时，会做些织补活儿——这就是用一个小时完成两个小时工作的方法；

◎充分利用网络化的便利，以节省时间；

◎学习聪明地购物，减少逛街的时间；

◎专心致志工作时，不去理会杂事。你的朋友很快会知道你接待客人的固定时间，同时也会佩服你的时间效率。

在亚尔诺德·白力特的《如何充分利用二十四小时》一书中，他感慨："当你清晨睁开眼睛，像变魔术一般，你的生命里就拥有了还没使用的二十四小时！它是你的，是你的最宝贵的财产。"但实际上，很多人白白浪费了这笔财富。

每个人在他的一生中都曾经对自己说过："假如再给我一点时间，我会不会做得更好？"但实际上我们永远也得不到更多的时间。记住，我们只拥有今天的二十四小时，想要有效完成生命，就要在自己的时间大钟上，镌刻上两个大字："现在"。让我们从现在开始，按照以上方法进行时间管理吧！

一生中犯的最大错误，就是经常担心犯错误

> 人们所担心的事情，百分之九十九都不会发生。

哈伯德说过："人的一生中可能犯的最大错误，就是经常担心犯错误。"事实上，很多人总是习惯将担心放大，并深陷在烦恼中，并没有想到，自己所担心的事情并没有发生。

那你还有什么可担心的？

虽然这个世界有太多的不确定性，什么事情都有可能发生，而很多人又那么缺乏安全感，仿佛担心是不可避免的。但你要知道，担心就像感冒，随时会被传染，一个担心，后面总会紧跟着更多的担心。就像是一件事有正反两面，一味担心或掉以轻心，都不是恰当的处理方法，尤其是前者。德国戏剧家莱辛就说过："有些人往往因为担心误入迷途而真的误入了迷途。"

戴维斯商业学院的创办人布莱克说过："人们所担心的事情，百分之九十九都不会发生，为永远不会发生的事情而忧心忡忡，是愚蠢的。"

在一个阳光灿烂的下午，他曾对我讲过这样一段心路历程：

那年夏天，全世界的烦恼仿佛有一半独自落在我的肩上。

四十多年以来，我一直过着无忧无虑的平静生活，生活中所遇到的问题，不过是一些所有做丈夫、父亲和商人经常碰到的，对这些小问题，我通常可以轻而易举地加以解决，但是突然间，有六大难题同时砸到我身上。我整夜辗转反侧，忧虑万端，甚至害怕天亮。我所担忧的六大难题是：

一、我一手创办的商学院濒临破产的边缘，因为战争爆发了，我想，所有的男孩子都要去从军，而女孩子则会去军工厂工作。我知道很少有女孩对商学感兴趣，而且，战争时期，在军工厂工作要比在商学院毕业后就职于商业公司赚钱更多，我不觉得孩子们会傻到有钱不赚。

二、我的大儿子正在军中服役，远赴欧洲去参加这场该诅咒的战争。和天下所有的父母一样，我十分担心他的安全。

三、俄克拉荷马市政府计划征收一大片土地来建造机场，而我父亲留给我的房子正坐落在这片土地的中央。我了解到，政府付的补偿金可能只抵得上这块土地正常价格的十分之一，而且更糟的是，这个地方本来就缺乏房屋，在失去了自己的房屋之后，只有老天才知道我能不能找到另一栋合适的房子来让我的一家六口住进去。我害怕像流浪汉一样住帐篷，我甚至担心自己是否有能力购买一顶可以防雨防风的帐篷。

四、因为附近刚刚挖了一条大排水沟，我房子边的水井干涸了。再挖个新井需要耗费600美元，而这块土地已被征收，这样做简直毫无价值。连续两个月以来，我每天必须一大早就到很远的地方去提水喂牲口，我担心漫长的战争结束以前，我会天天如此。

五、我的住处离学校有10公里远，而配给于我的只是"乙级汽油卡"，这意味着我不能购买任何新轮胎。为此我很担心，万一我那辆福特牌的老爷车的轮胎爆了，我可能就没办法去上班了。

六、大女儿高中提前毕业，一心一意想上大学，可是我没有足够的经济能力供她上大学，我想她一定十分伤心……

有一天下午，我呆坐在办公室里为这些难题发愁。以前的我，遇到任何问题都会毫不费力地解决它们。但现在，我对情况失控了，在我看来，所有这些困难，已经到了自己根本无法解决的地步。我烦恼极了，用打字机把这些难题全部写了下来，仿佛这样也能发泄我的郁闷——可当时我没料到，几个月后，自己就将这件事忘得一干二净。

——18个月后的一天，我在整理文件时，碰巧又看到了这张单子，上面详细列举了当时几乎令我崩溃的六大难题。

我饶有兴趣地看了一遍这些问题，才发现这些困难都已经过去了。

一、我发现担心商学院关门的想法简直是瞎操心。不仅孩子们照样报名入学接受教育，而且政府还拨款补助商学院，并要求学院代为培训退伍军人。所以学院很快又恢复了往日的热闹气氛。

二、我发现过分担心儿子在部队中的处境也是没有必要的。虽然他经历了枪林弹雨，身上却连一点擦伤也没有。

三、我发现关于土地被征收一事的忧虑看来是多余的，因为后来在农场附近一里远的地方发现了石油，建机场的计划遂告作罢。

四、我发现没有水喂牲口的担心简直是太悲观了，当我知道土地不再被征收之后，就立刻花钱挖了一个更深的新井，水流源源不断。

五、我发现担心轮胎破裂也是愚蠢的。我翻新了旧轮胎，加上自己的驾驶一直很小心，结果轮胎一直没坏。

六、我发现担心女儿的教育问题也是自寻烦恼。在开学前6天，我得到了一个查账的工作机会——这件事简直是一个奇迹——赚回的钱刚刚好让我能够及时送她上大学。

我以前就常常听人说，人们所担心的事情百分之九十九不会发生，对这种说法我一直不以为然。一直到了18个月之后，当我找出那张单子的时候，我才恍然大悟。

当然，对于以前自己种种无谓的烦恼，我心存感激，因为它给了我一个永难磨灭的教训，使我明白，对那些还没发生的事情而心生烦恼是无谓的、悲哀的，也是愚蠢的。

请记住，今天就是你昨天所担心的明天。我们不妨问自己这样一个问题：我怎么知道自己今天所担心的事，明天一定会发生呢？

别人的想法，改变不了你的心情

> 不要让自己活在别人的想法中。

我们步履匆匆地穿梭在钢铁丛林里，只因背负的太重，我们每天不仅要面对一大堆的账单，还要面对这个世界的账单：如何做个让别人竖起大拇指、让别人称羡的人。原来，很多人每天很辛苦地赶路，不过是为了得到别人的一句赞赏或者肯定而已。

可你有没有发现，生命是一个不停流逝的过程，你曾经很在意别人怎么看待你，如今却发现，那些加诸于你身上的眼光，早已在时间里化成烟尘。是不是这时你才后悔，你曾因为别人的一句打击，便放弃了自己的梦想；你因为太在意别人的眼光，而不敢追求你自己喜欢的东西；你甚至因为别人的目光，用谎言把自己包装成了一位富有的人……

其实，强烈的自我意识的心理是一种自卑感。有这种心理的人，总希望自己是生活的强者，是别人心目中的优秀分子，可往往事与愿违，想象与现实之间的距离，使他们更加敏感。

所以，亲爱的朋友，很多时候，我们需要的，只是坚持自己，不要让自己总活在别人的想法中。

一位年轻作家去了纽约，著名文学家马克·吐温请他赴宴，这个宴会邀请了三十多人，都是本地响当当的人物。临入席的时候，那位作家浑身发抖，满头冒汗。

马克·吐温问："你哪里不舒服吗？"

这位年轻人说："说实话，我很担心。我知道他们一定会请我发言，可是我实在不知道该说什么……一想起可能要在众人面前丢丑，我就心惊胆战。"

"年轻人，你不用害怕……其实啊，人们请你讲话只是出于礼貌，任何人都不指望你能说出什么惊人的话来。"

很多人，特别是年轻人，由于刚踏进社会或者职场，往往因为急于表现自己，或者过分担心自己出丑而紧张。第一次独立做事或是第一次被委派任务的时候，可能会紧张得一夜都睡不好；第一次当众发言的时候，往往会紧张得张口结舌，一句话都说不出来……

但你知道吗？大家不会像你想的那样关注你，人们没有精力把过多的注意力放到你的身上，对所有人来说，别人都只是自己生命中的过客，别人表现的好坏与自己无关。既然这样，你又何必过多在意别人的看法和想法？特别在礼节性的场合，只要你按部就班地说几句话，就算圆满完成任务了。

做事只要对自己负责就好，不要让别人的想法改变你的心情。如果因为过于在意别人的看法而失去了自己的看法，那才是真正值得悲哀的事情。

　　大多数人对别人的看法都看得太过认真了，有的人受到一点批评也会如坐针毡。许多年前，纽约《太阳报》的一位记者参加了我的培训班的示范教学会，他在会上对我本人和我的工作展开猛烈的抨击。当时我气急败坏，认为他毁坏了我的形象，还影响到了我的培训班的声誉。于是，我打电话给《太阳报》的执行主编，要求这位记者在报纸上公开发表道歉的文章。

　　后来我才了解到，我真是小题大做，因为没多少人会在意这件事。买那份报的人大概有一半不会关注那篇文章；看到的人中又有一半觉得这事不值一提；而真正注意到这篇文章的人中，又有一半在几个星期后就把这件事情抛到九霄云外了。

　　现在我才懂得，一般人根本就不会想到你我，或者关心别人批评我们什么，他们整天只会想到自己。他们自己的事情再微不足道，也远比别人的生死要大上一千倍。

　　尽管我们无法阻止别人对我做任何不公正的批评，但是我却可以做一件事，一件也许更重要的事，我可以决定是否要让自己受到那些不公正批评的干扰。

　　所以，当你面临别人的非议时，当你迷失在别人的想法中，请记住，最了解你自己的，不会是别人，而是你自己。所以，他人的意见未必是中肯的，生活不能屈服于别人的舌头下，不能等待别人来安排。自己的生活只能靠自己去争取和奋斗，而不管结果是喜是悲。可以慰藉的是，按照自己的心意生活，你才不枉在这世上路过了一场。

安德烈·波切利从小就学习钢琴、长笛和萨克斯，是一个对音乐非常敏感的孩子。但是，他从出生后就被发现患有严重的青光眼，12岁时，他彻底失明了。在很多人看来，这个孩子不会再有什么前途了，对此，他们纷纷施以怜悯和同情。

只有父亲对他说："孩子，别气馁，不要被别人的看法影响你的心情。这个世界属于每一个人。虽然你看不见眼前的世界，但是你至少可以做一件事，那就是，让世界看见你！"

安德烈大学毕业后，从事了法律行业，但没多久，他就感觉到自己不太适合这个行业，他特别想做一名歌唱家。

得知安德烈的这个想法后，很多人纷纷摇头。在他们看来，一个盲人能从事法律行业就很不错了，傻子才会放弃优厚的待遇，去从事什么声乐！

安德烈经过谨慎的思考，最终还是决定努力实现童年的梦想。于是，30岁的他开始学声乐，他先后受教于贝塔里尼和科瑞利，还受过帕瓦罗蒂的指导。

为了交学费，安德烈白天当律师，晚上去酒吧弹钢琴。在一次偶然的机会中，意大利著名摇滚歌手佐凯洛听到了波切利的演唱，十分欣赏，立即邀请他合唱了一首歌曲。这首歌大获成功，安德烈获得了当年的圣雷莫音乐节最佳新人奖。后来的路，安德烈一直走得很顺，最后，他被誉为继"世界三大男高音"之后的"世界第四大男高音"。

"我这么做，别人会怎么想"，是一种最常见也是对人最具破坏性的消极心理状态。它几乎无孔不入，从"我必须每天换不同的衣服，不然别人会以为我是个夜不归宿的女人"，到"我今天画了很浓的妆，别人会不会以为我是个轻佻的女人"，再到"我很喜欢那件裙子，可这么时髦的款式会被别人议论"……不胜枚举。别人式的想法，是一个枷锁，它紧紧地捆绑着我们，让我们无法按照自己想要的方式生活。所以，很多人每天都模仿着别人的发型，穿着最流行、自己却不喜欢的衣服。

为避免你被你想象中的"别人的想法"奴役，我提出如下建议：

一、当你还未成为一个公众人物时，别人没那么多的时间关注你；而当有一天，真正站出来批评你的人很多时，说明你已经取得了一定的社会地位，这在一定程度上也是你被羡慕的证明。

二、选择人格高尚，尤其是不爱讲闲言碎语也不会相信闲言碎语的人做朋友。这样的朋友会有助于你改变太过在意别人的想法的心理状态。

三、树立与保持独立的处世与做人态度。只要你的所作所为没有伤害他人，穿什么衣服、梳什么发型，是你自己的事，与别人有什么关系？

四、一定要记住，别人也有一大堆生活中的琐事需要应付。他们也许也在为自己的事情发愁呢。

PART 7

从现在开始，为自己骄傲地活着

做一个取悦自己的女人

> 一个人只有取悦了自己，才能不放弃自己。

亲爱的女士们，我们活在世上，不是为了取悦别人，取悦这个世界，而是为了取悦自己，取悦自己的内心和梦想。大多数人不想活在别人的影子下面，替别人唱一出哪怕是很精彩的皮影戏，我们最追求的，不过是做自己，过自己想要的生活。

一个人只有取悦了自己，才能不放弃自己；只有取悦了自己，才能提升自己。取悦别人的基础，只能实现取悦自己。完全没有了自己，放弃了自己的梦想，即使受到很多人的赞赏，那样的人生又有多少意义呢？取悦自己，坚持自己的梦想，即使梦想注定是孤独的旅行，但那又如何呢？

英国一个小女孩从小就非常喜欢动物，两岁时，就带了很多人认为很丑陋的蚯蚓回房间玩耍——是的，她把遇到的动物都看成了自己的朋友，全然没有成人里对动物美丑善恶的硬性评价。

妈妈对女儿的行为表示了支持和理解，她不但没有阻止，还经常陪伴孩子去图书馆看一些讲述动物的图书。当伦敦动物园的黑猩猩生下了幼崽的时候，妈妈给小女孩买了黑猩猩玩具作为礼物。这个小女孩的名字叫简·古道尔，当时她家里并不富裕，而购买这些图书需要一大笔钱，妈妈就常常去图书馆帮她借书，还经常购买一些比较便宜的二手书给女儿看。

七岁的时候，简看了一本叫《杜利特尔博士的故事》的书，她立刻被书里描述的非洲大陆，以及非洲大陆上生活的野生动物迷住了。简决定，长大后做一名动物学家，还要去遥远的非洲去生活。老师和同学们知道了简的这个梦想后，哈哈大笑，因为在他们看来，非洲代表着野蛮和落后，而且那里遍地瘟疫，一个女孩怎么会有这么不切实际的梦想呢？还是乖乖待在英国，待在白人世界里才是正经。

但妈妈鼓励简说："如果你有自己的梦想，就应该从现在开始创造条件努力去实现，永远不要放弃它。"

但因为没有钱上大学，高中毕业后，简就踏入了社会，她做过许多工作，担任过秘书、电影制片助理等。看似冰冷的世界，也总会给有梦想的人一些契机。简的同学邀请她一起去非洲的肯尼亚度假，于是简用在餐馆做服务生攒下的钱，买了一张去非洲的船票。在那个年代，年轻的女孩去非洲远行是常人难以想象的，但早就想去非洲看一看的简，义无反顾地踏上了这次奇妙的非洲之旅。

人们都说，如果你知道自己要去哪儿，全世界都会为你让路。巧的是，在非洲，简认识了著名的人类学家和考古学家路易斯·利基教授，他带着简在肯尼亚国家博物馆逛了一圈，结果，惊讶地发现简竟然知道很多动物知识。了解了简的志向后，利基教授建议让她去研究黑猩猩。

随后，26岁的简在利基教授的指导和鼓励下，来到了非洲坦桑尼亚坦噶尼喀湖畔的贡贝河自然保护区，开始了她的黑猩猩的研究计划。

最初简的研究并不被看好，质疑者指出简没有接受过系统的科学训练，像这样一个成长在大城市的年轻女孩，怎么会在偏远的非洲丛林中待得住呢？恐怕这只是心血来潮的一次"研究"吧！很多人相信，简的"研究"不会坚持三个月。

对简来说，冷嘲热讽不算什么，她只想做自己想做的事情，真正让她苦恼的是，黑猩猩对人抱有很深的戒心。最初，黑猩猩一见她就害怕地跑开了，简只能坐在山头上，用望远镜远远观察它们。出乎所有人意料的是，这种枯燥的行为，简一直坚持了一年半，终于有一天，一只小黑猩猩将自己的手伸给了简……

渐渐的，黑猩猩们对简的出现习以为常。并且，由于简是个有心人，在观察的过程中，学会了黑猩猩的动作和呼叫声，终于能够和它们进行沟通了。

功夫不负有心人，简取得了惊人的发现：原来，黑猩猩能够选择树枝，去掉枝上的叶子，然后用树枝从蚂蚁洞中钓取蚂蚁。这一发现打破了长久以来"只有人类才会制造工具"的观点，为人类学和动物行为学的研究提供了珍贵的资料。这一发现，让简获得了剑桥大学的动物行为学博士学位。

让很多人不可思议的是，获得了博士学位的简可谓功成名就，照理说应该返回英国从事"体面"的工作了。但是，简却选择继续留在非洲和黑猩猩在一起生活了近30年！她继续研究黑猩猩，研究黑猩猩的个性、家庭和社会。面对不理解的眼光，简说，不为别的，"和自由的野生的动物生活在一起，是我的理想"，我"甘愿成为一名先驱者。"

后来，为了改善黑猩猩的生存状况，简才离开丛林，创立了环保组织"根与芽"，奔走于世界各地，呼吁人们保护野生动物，简说："人类绝对不能和这个世界上的其他生物分离，一些生物物种的灭绝对人类的影响是灾难性的"，"也许我们正在浑然不觉地灭绝那些可以治愈癌症甚至艾滋病或其他可怕疾病的生物！"

简在丛林里和黑猩猩生活了大约40年，晚年依然为保护黑猩猩奔走，她改变了人类的定义，为人类和动物进一步的沟通作出了自己的贡献。因为她的这些成绩，媒体称她为："奔走着的特蕾莎修女"，她是《时代》评出的20世纪"世界最杰出野生动物学家"，甚至有人说，她是影响世界的十个人之一。

取悦自己的女人，不是要成为男性的样子，而是在自己的领域里尽可能地做好；取悦自己的女人，不是为了得到他人的赞赏而努力，而是为了内心的快乐而努力。

每个生命都是珍贵的，作为不想辜负自己生命的女人，我们如何选择度过一生？那就是：过自己想要的生活，上帝会让你付出代价，但最后，这个完整的自己，就是上帝还给你的利息。

有一位梦想成为作家的青年，已经发表过一些作品，但在文坛中，却还是藉藉无名的小辈，没多少人关注他，青年很烦恼。一次偶然，这位青年遇到了一位富有智慧的老人，老人听了青年的一番不得志的诉苦之后，指着窗边的一丛花卉问："你看，那是什么花？"青年回答："是夜来香吧？"老人又问："你知道夜来香为什么不在白天开花，仅仅在晚上开放吗？"青年摇摇头。

老人说："在白天开花，大家都能看到，所以能取悦他人；在晚上开花，却只能自己欣赏，但是，人生最可贵的就是不取悦他人，只取悦自己。其实，快乐不快乐只有自己知道，如果做的事情只是为了让别人欣赏，让别人夸奖，而不是为了抒发自己的情怀，表达自己的观点，那么你就把自己的快乐交到了别人的手上！"

青年明白了："那我就做一个绽放的人，把自己做到最好。"

老人笑着点了点头说："一个人只有取悦自己，才能不放弃自己；懂得取悦自己，也就懂得追求的意义，也更能提升自己。夜来香虽然不再白天开放，但它的香气是白天开放的花都比不上的。"

让我们做一个取悦自己的女人，不为社会和他人的需要而生活，只为自己的梦想，自己的追求而奋斗。让我们做个取悦自己的女人，尽情地绽放自己的生命，选择自己的未来。只有懂得了取悦自己，才能拥有最大的魅力。

别人未必是错的，而我未必是对的

> 我所知道的只有一件事，那就是我什么也不知道。

很多事情要真诚面对，别人未必是错的，而我未必是对的。二十年前我认为对的事，现在看来却未必是对的。

当年我研读爱因斯坦的理论时，我不以为然，但现在却不再那么怀疑；我现在经常演讲，但再过二十年，或许我自己都不相信自己在这本书上写下的东西。

现在我对任何事情都不像从前那样敢于确定对错，因为时间总会给我们相反的答案。古希腊伟大的哲学家苏格拉底经常跟他的门徒说："我所知道的只有一件事，那就是我什么也不知道。"我觉得自己不会比苏格拉底更聪明睿智，所以我尽量会避免直接对人们说他错了。

当罗斯福做总统的时候曾说，他每天所做的决定，最多能达到百分之七十五的正确率。如果这种标准让这位二十世纪最受人注意的总统心满意足，那你我又该如何呢？如果你所做的决定，正确率能达到百分之五十五，那你可以到华尔街，一天赚个几百上千万元，有实力买豪华游艇，乘坐私人飞机了。但如果你不能确定你百分之五十五的时候是对的，那你凭什么非要说是别人错了呢？

亲爱的朋友们，即使对方犯的错确凿无疑，你也千万别说什么："你不承认自己有错？那我拿证明来给你看。"这话等于是说："我比你聪明，我要用事实来纠正你的错误。"那是一种挑战，会引起对方的反感，不需要等你再开口，他已准备接受你的挑战了。

女士们，你可以用神态、声调，或是手势，告诉一个人他错了，这种方法就像说话一样有效。而如果你直接告诉对方：你错了。你以为对方会感激你？不，永远不会！因为你对他的智力、判断、自信和自尊，都给予了直接的打击，对方不但不会改变自己的意志，还想找机会向你反击。即使你运用柏拉图、康德这些哲学家的严密逻辑和经典观点，将对方辩驳得理屈词穷，哑口无言，他还是不会改变自己的观点的——因为你已伤了他的自尊，对方往往会转而为自己的自尊辩护——即使已经知道自己是错的情况下。

莎伦是纽约一位年轻的律师，最近在美国最高法院参与辩护一件要案，这桩案件牵涉到巨额的金钱和重要的法律问题。在辩护的过程中，一位资深法官向莎伦问道："《海军法》规定申诉期限是六年，是吧？"

莎伦知道没有这项规定，于是马上抓住这次机会说："法官阁下，看来您对这部法律不是很熟悉，《海军法》中并没有这样的限制条文。"

当莎伦说出这话后，整个法庭顿时沉寂下来，屋子里的气温仿佛在霎那间降到了零度。其实，莎伦是对的，法官是错的，莎伦告诉了他正确答案。可是，那位法官是不是对莎伦产生了友善的态度？不，并没有，直接告诉那位很著名的人物他错了，比杀了他还难受。

法国诗人拉·封丹在几百年前就说过这样的话："温和比强暴更有希望获得成功"。很多人需要的，不是对错，而是这种温和诚恳的态度。

一个行人走路累了，便在一片农田边上的几棵树下休息一会儿。他看见田里有一个农夫，正驾着两头牛在犁地。那个行人便高声问农夫："老哥！你的两头牛，哪一头力气更大些呢？"但农夫只是看了看他，并不应声。等耕到了地头，农夫先把牛牵到一旁的水沟旁吃草喝水，然后也来到树下乘凉。这时，农夫才趴在行人的耳朵边小声地说："那头黑色的牛，力气更大些。"

行人有些理解不了农夫的行为，便问："你干吗用这么小的声音说话？"农夫说："我怕牛听见啊！牛虽是牲口，但它们也是能分辨好坏的。我要是大声地和你说哪头牛好，哪头牛不好，它们是能从我的眼神、手势和声音里分辨出来的。被夸奖的牛自然会很高兴，但这样一来，另一头虽然尽了力，但还是差一点的牛，心里会很难过的。"

牛都这样在意别人的批评，更何况是人呢？

如果你真的想要纠正某人的错误，不妨运用一种非常巧妙的方法让对方接受。你不妨用下面的口气来试试："好吧，让我们来商量一下……我有另外一种看法，当然我的看法可能是错的，如果我错了，我愿意改过来……现在让我们看看，究竟是怎么一回事。"

全世界的人，大概都不会讨厌你这样说："我的看法可能是错的……让我们看看，究竟是怎么一回事。"用这种商量的口气，往往能达成你想要的效果。

乔治·华盛顿担任总统时，他的一位秘书上班总是迟到。一天，这位秘书又姗姗来迟。而她恰巧碰到了华盛顿，于是，她马上推诿说自己的手表坏了，慢了几分钟。华盛顿没有戳穿她经常迟到的事实，而是笑着说："小姐，看来如果你不换块手表的话，我就要换一位秘书了。"秘书羞得满脸通红，但又心悦诚服地改掉了自己的习惯。

我们都是泛泛之辈，大多数的人都会怀有成见，每个人都有一些嫉妒、猜疑、恐惧和傲慢的成分，很多人甚至不愿意改变自己的发型。如果你承认自己随时都可能犯错，就能免去很多争执和麻烦。而别人受到你态度的影响，往往更容易承认自己也有错。

有一次，我请了一个室内装潢师替我配置一套窗帘。他把账单送来时，我吓了一跳——费用贵得让我觉得不可思议。

几天后，有位朋友来我家拜访，她看到那套窗帘，便问我这套窗帘的价钱，然后有些幸灾乐祸地说："什么？这价格太不像话了，恐怕你自己不小心受了人家的骗吧！"

我不小心被人骗了？这是真的吗？是的，她说的都是真话，可是人们就是不愿意听到这类的实话。所以，我竭力替自己辩护，我说："一分价钱一分货，价钱贵的东西，质量会更好。"

第二天，另一个朋友到我家来，她也看到了那套窗帘，她诚恳地加以赞赏，并且还表示希望自己拥有一套那样的窗帘。我听到这话后，跟昨天的反应完全不一样。我说："说实在的，亲爱的，我配的这套窗帘价钱太贵了，我现在有点后悔，关于价钱方面，你可要多加留意啊！"

是的，如果人们意识不到自己的错误，再雄辩的人也没办法让他们承认；当人们意识到自己犯了错的时候，如果对方能巧妙地给他们承认的机会，他们会非常感激，往往不用对方说，自己就承认了。

成为一名出色的交流者

> 有心人关心他人，无心人漠视他人。

世上有两种人：有心人和无心人。有心人关心他人，无心人漠视他人。关心他人的人相互珍惜，漠视他人的人相互伤害。

维也纳一位著名的心理学家阿得洛，写过一本书，书名叫《生活对你的意义》。在那本书里，他说："一个不关心他人的人，他的生活必定会遭受重大的困难，同时还会给他人带来极大的损害，人类历史上的所有失败，都是这类人引发的。"

可能你读过许多心理书，但没意识到这句话，所以我再次强调一下：

一个不关心他人的人，他的生活必定会遭受重大的困难，同时还会给他人带来极大的损害，人类历史上的所有失败，都是这类人引发的。

关心人，是西奥多·罗斯福总统成功的秘诀之一。罗斯福和蔼可亲，走到哪里都受欢迎，连他的仆人们也都敬爱他，这就很不简单了，因为有句话说，亲人眼中无伟人，近臣眼中无明君。

他的黑人卫兵爱默生，曾写了一本《西奥多·罗斯福：卫兵心目中的英雄》，在那本书里，爱默士说了一件感人的故事：

"我们家住在罗斯福总统牡蛎湾住宅内的一所小房子里。有一次，我妻子问总统：美洲鹬鸟是什么样子？因为她从没有见过鹬鸟，罗斯福总统不厌其详地告诉了她。过了几天，我家里的电话铃声响了，我妻子接的电话——原来是总统亲自打来的。罗斯福总统在电话里告诉她，现在窗外正有一只鹬鸟，如果她向窗外看去，就可以看到鹬鸟的样子了。"

从细节上关心人，正是罗斯福总统的特点之一。无论什么时候，当他经过我们屋子外面是，即使并没有看到我们，我们仍可听到"嗨，爱默生！""嗨，安妮！"那亲切的招呼声。

有一天，已经卸任的罗斯福进白宫去见塔夫特总统，正值塔夫特总统和夫人出去了。罗斯福没有转身离去，而是真诚而礼貌地去和旧日的仆役叙旧，当他看到厨娘爱丽丝的时候，便问她是不是还在做那种好吃的玉米面包。爱丽丝告诉他，她有时候会烘制玉米面包，但那是给仆役吃的，楼上的总统和夫人都不吃。

罗斯福听了颇有些抱不平地说：他们真没口福！见到总统时，我会这样和他说！

爱丽丝端出一块玉米面包给罗斯福，罗斯福一边吃，一边往办公室走去。半路上，经过园丁和佣人旁边时，会向他们每一位亲切地打招呼——对白宫里所有的工作人员，他都叫得出名字。

罗斯福还像以前那样和他们每一位亲切地谈话……有个老

佣人激动地说："这是我这几年来最快乐的一天，就是有人拿了一百块钱来换这一刻，我也不愿意！"

不管你的生活多么枯燥，每天总要碰到一些人，你如何对他们？只是擦肩而过，还是想进一步了解他？杂货店小孩、报童、街角的擦鞋匠呢？他们都与你的生活紧密相关，但你想没想到和他们聊聊？听一下他们的人生经历，了解一下他们的喜怒哀乐？趁着自己还能与这个世界交流的时候，把生命演绎得更加精彩一些吧！

波斯宗教家琐罗亚斯德说："对别人好不是一种责任，而是一种快乐的享受。因为这能促进你的健康与快乐。"亲爱的女士们，不知你有没有这样的感觉，多和别人聊聊天，谈谈心，不仅会使自己忘掉烦恼，也可以广交朋友，获得更多乐趣。而与人交流的益处远远不止这些，据我所知，有的人甚至因此改变了自己的人生。

多年前，在美国一条逼仄的街道上，有个荷兰籍的小男孩，每当从学校下课回家后，总要替一家面包店擦橱窗，每星期才赚五毛钱。是的，他家里非常贫苦，所以他经常还要提着篮子，去水沟边上捡从煤车掉下来的煤块。这孩子叫爱德华·博克，一生没有受过六年以上的教育，可是后来却成为美国新闻界一个最成功的杂志编辑。他是怎么做到的呢？

爱德华十三岁就退学了，当了一名童工，每星期的工资是六元二角五分。他虽然很穷很窘迫，但无时无刻不在追求接受教育的机会。没有这种教育的机会，他就在生活中让自己受到教育。他从不搭乘街车，而且不吃午饭——这趟做只是想省一笔钱买书。后来，爱德华如愿以偿地买了一部当代名人传记。

爱德华详细读过这本名人传记后，觉得名人们的事迹固然很让人感动，但他们小时候究竟是怎样度过的呢？爱德华很好奇，于是就写信给传记中的每一位名人，请他们多讲一点自己的童年。从爱德华这个举动中可以看出，他有一种倾听的特质。

他写信给当时正竞选总统的詹姆斯将军，问他是不是向人们传说的那样，确实做过运河上拉船的童工？詹姆斯给他写了一封详细的回信。爱德华又写信给格雷将军，问他在那部名人传记中的一次战役的故事，格雷将军在回信中，画了一张详细的作战地图，还邀请这个十四岁的小男孩吃饭——他们谈得很起劲，足足聊了一个通宵。爱德华还写信给作家爱默生，希望爱默生说些自己的趣事……

就这样，这个原本只负责传信的童工，和那些著名的人物一一通上了信，例如爱默生、巴罗斯、奥利弗、朗费罗、林肯夫人、休曼将军和戴维斯等。

爱德华不只是跟那些名人通信，还利用他放假的时间，去拜访他们，而成为那些人家里所欢迎的客人。爱德华的这份经历，让自己形成了一种无价的自信心。这些名人，激发了他的理想和意志，甚至改变了他往后的人生。

女士们，看到这里，你是否会觉得很传奇？其实这些事做起来并不是太难。人与人交流的基础，就是出自彼此的真诚，如果不愿交出自己的心，便不可能探得别人的心，更别说能够享受交流的乐趣。而拿出自己的真诚来待人，别人必定会感受到这股力量，从而乐意与你交流。

几年前，我曾在布鲁克林艺术学院，举办了一场小说写作课，我和学员们都希望当时的著名作家凯瑟琳·诺里斯、芬妮·赫斯特、艾达·塔波、阿尔伯特·培森·特修和罗伯特·休斯能来班上给学员们讲述一些他们写作的经验。于是，我们给他们每人都写了一封信，说我们非常欣赏他们的作品，所以希望他们能抽出一些时间，来我们班上一次，讲一讲他们的写作经验和成功的秘诀。

每封信上，都满满地签上了一百五十个学生的名字，信上还说，我们知道他们一定很忙，可能没有演讲的时间，所以我们在每封信里，都附上一张疑问表。他们真的没时间过来的话，请写上这些问题的答案，然后把这张表寄给我们，即使那样我们也很感谢。

作家们很喜欢这样一封信，所以他们都大老远地赶来布鲁克林，给我们上了一堂又一堂的写作课，解决了我们的不少疑问。

我们运用同样的办法，请到罗斯福总统的财政部长，塔夫特总统的司法部长和其他很多名人来培训班演讲。

古罗马哲学家叶庇克梯塔斯曾经幽默地说："上天为什么赋予人类一根舌头与两只耳朵？那是为了让我们自己少说点，而方便从别人那里听到两倍的话。"人们发现，哪怕整天苦苦思考，也比不上与人交谈一次更能启发心智。

　　亲爱的女士们，难道你希望你的思想跟不上日益进步的社会吗？如果不是，那就请用诚恳的态度积极和他人交流，从别人的智慧中汲取自身成长的养料吧！

快乐不是接受别人的涌泉相报

> 表现自己的仁慈，会高人一等。

快乐不是接受别人的涌泉相报，付出不是去追求更高的回报。只付出，不索求，如果得到了回报或者报酬，即使再微小，都会给你带来惊喜和快乐。因此，快停止等待回报和感恩的想法吧，接受你所得到的一切，哪怕是别人转身就忘掉。我们想得到快乐，就不要去想别人是感恩还是忘恩，而只需享受施予的快乐就好。

最近，在得克萨斯州，我遇上了一个气质很好但怒容满面的商界女强人。别人告诉我，最近她见人就唠叨，15分钟之内，她准会把惹自己发怒的事情说给你听。果然不出所料，我很不幸地充当了她的一次情绪垃圾桶。这位女士怒气冲冲地告诉我说，11个月之前，她发给34位员工一大笔年终奖，但却没有收到任何感谢。她十分尖刻地说："没想到遇上了一群忘恩负义的人！我真是太后悔了，早该一毛钱都不给他们的！"

哲人曾经说过："愤怒的人，心中总是充满了怨恨。"果然如此。对这个愤怒的女士，我只能深表同情。看起来她大概有60岁，根据人寿保险公司的算法，这位女士如果运气好的话，也许还可以活十几二十年，可是她却浪费了几乎一年的时间，来埋怨一件早已过去的事情！

她不应该沉浸在怨恨和自怜之中，而应该问问自己，为什么没有人感激她？也许她平常支付给员工的薪水太低，而让他们干的活太多；也许在员工看来，年终奖并不是一份礼物，而是他们的劳动所得；也许她平常对人太苛刻，不温暖、不亲切，所以没有人有勇气去表示谢意；甚至人们会觉得她之所以发年终奖金，是为了避免交税呢！

退一步说，那些员工即使真的很自私、很恶劣、很没礼貌，我也能理解。因为文学家约翰逊博士曾经说过："感恩是良好教养的结果，在一般人身上是看不到的。"

我之所以这样说，是因为这个愤怒的女士希望别人对她感恩的想法是错误的，甚至可以说她完全不懂人类的禀性。

举个例子说，如果你救人一命，会不会希望对方对你感恩戴德？你很有可能会说："是的。"著名的刑事律师山姆·利波维茨曾经挽救了78个人的性命，让他们避免了坐上电椅的厄运。你猜猜，其中有多少人会对这位律师心存感激，哪怕是寄一张圣诞卡或者一封感谢信？有多少？没错，一个也没有！

涉及钱的问题，就更没有希望了。银行家查尔斯曾对我讲过这样一件事，有一次，他救了一个挪用银行公款的出纳员。在那人挪用公款炒股票的丑事即将暴露之前，查尔斯及时地用自己的钱填补了亏空，使那个人不至于丢掉职位，甚至坐牢。那位出纳员感激他吗？不错，曾经在很短一段时间里表示过感激之情，但是转过身来就开始批评和辱骂查尔斯——这位使他免于牢狱之灾的人。

如果你给了一位亲戚100万美金，你是否会希望他对你心存感激呢？钢铁大王安德鲁·卡耐基就这样做过。在临终之前，他慷慨地赠给了自己的亲戚一百万美金。但是，如果他能从坟墓中复活的话，他一定会惊讶地发现那位亲戚正在骂他呢！为什么呢？因为卡耐基将三亿六千五百万美金全捐给了公共慈善机构和学校——他的亲戚在责怪他只给了自己"区区一百万美金"。

现实就是这样，人摆脱不了人性的束缚，恐怕再过几百年，也不会有什么根本性的改变。我们要认清这个事实。我们为什么不能像睿智的罗马帝国皇帝马可·奥勒留一样面对现实呢？他曾在日记里写道："今天我又要去会见那些多嘴多舌、自私自利、不懂感恩的人。对此我既不愤怒，也不难过，因为我知道世上永远都不会缺少这种人。"

这句话十分理性。如果你遇到了不懂感恩的人，应该怪谁呢？是怪整个社会太丑恶，还是怪我们对人性不了解？

最好的做法是放低你的预期。如果我们施恩而不图回报，那么偶然得到了他人的感激，就会有一种意外的惊喜；如果我们得不到感激，也不会因此而难过。

人的天性本就是善忘的，不要指望施舍一点点恩惠，别人就感激不尽。

我认识一个纽约女人，她常常埋怨说亲戚朋友没有一个人愿意去看她。这并不奇怪，如果你去拜访她，她就会连续用好几个钟头的时间说自己对侄女有多好：在她们生麻疹、腮腺炎和百日咳时，她是如何细心地照顾她们；长期以来，她让她们吃好喝好，还帮助其中的一个念完商业学校，另外一个也一直住在她家里，直到结婚为止。

侄女们有没有来看过她呢？有，偶尔也会来，但只是为尽一点儿起码的责任。她们十分害怕来看她，因为那意味着必须用几个小时的时间，听她拐弯抹角、啰啰唆唆地骂人，听她那没完没了的埋怨和自怜的叹息。到了最后，当这个女人再也没办法威逼利诱侄女来看她的时候，就发明了一种"法宝"——心脏病发作。

她真的心脏病发作了吗？真的。医生说她有一个"很神经"的心脏，所以才会随心所欲地发生心悸亢进症。但是，医生们同时表示，她的问题完全是情感上的，他们可没办法治疗这种"病"。

这个女人真正需要的是爱和关注，可是在她看来却是别人要"感恩图报"。她去要求别人感恩，她认为那些是她该得的。可就因为这样，她才得不到真正的爱和感恩。

世上到处都是她这样的女人。她们因为"别人的忘恩负义"

和被人忽视而生病。她们渴望爱，然而，在这个世界上唯一能够被人爱戴的办法，不是苛求，而是只管付出，不求回报。

这些话听起来似乎很不切合实际，是不是太过于理想主义化了呢？当然不是。不求回报其实是基本的常识，是一种让人变快乐的好方法。我家就发生过这种事情。

我小时候家里很穷，欠了不少债，但是父母每年总要想方设法给孤儿院捐些钱物。孤儿院在爱荷华州，我的父母甚至从来没有去过那里，也没有人为我父母的捐赠表示过感谢，要有的话，也就是几封信——可是我的父母得到的却非常多，那就是帮助孤儿的乐趣，还有奉献的神圣感。

我远离家乡，每年圣诞节前夕，我总会寄一张支票给父母，希望他们能买点好东西，但他们却不愿意这样做。圣诞节我回到家的那几天里，父亲总是告诉我，他们买了一些煤和生活用品送给镇上一些家里孩子多，又没有钱去买食物和煤的可怜女人。在送这些礼物的时候，他们感到快乐极了——是那种只有付出而不求回报的快乐。

我相信我的父母有资格成为亚里士多德眼中的好人。亚里士多德曾经说过："理想的人，是那种以奉献为快乐，以接受施舍而羞愧的人。表现自己的仁慈，会高人一等；接受别人的恩惠，则往往低人一头。"

你可以得到比你所期望的更多

> 不明智的人，总会想方设法替自己辩护。

有这样一句话："用争夺的方法，你永远无法得到满足。可是当你谦让的时候，你可以得到比你所期望的更多。"所以，如果你错了，要获得人们对你的同意，最好迅速诚恳地承认下来。

我住在纽约的市中心。离家不远的地方，有一片树林。春天来到时，树林里野花盛开，松鼠在那里筑巢养育它们的孩子，马尾草长得有马头那么高……这块富有森林景色的地方，人们给它起了个名字叫森林公园。

那真是一座不错的森林，没受到破坏，可能跟哥伦布发现美洲时的状况差不多。我经常带着我家的哈巴狗雷克斯，去公园里散步。雷克斯是一头可爱驯良的小狗，由于公园里人迹稀少，所以我没有给雷克斯系上皮带或口笼。

有一天，我和雷克斯又在公园散步，看到一个骑着马的巡逻警察。这显然是个喜欢显示自己权威的警察，他向我大声说：

"你竟然让那只不戴口笼的狗在公园里乱跑，你不知道这样做是违法的吗？"

我温和地回答说："是的，我知道，不过我想，它不至于在这里伤害到人。"

那警察昂着头强硬地说："'你想'？'不至于'？法律可不管你怎么想。你那条狗会伤害这里的松鼠，也会咬伤来这里的儿童。这次我可以宽容你，但下次我看到你那只狗不拴链子，不戴口笼，你就得去跟法官讲话了！"

我点点头，答应遵守他所说的话。

我是真的遵守了那警察的话——但只遵守了几次。原因是雷克斯不喜欢在嘴上套上一个口笼，我也不情愿替它戴上。所以我们决定碰碰运气，散步的时候不拴链子，不带口笼，就这样过了一段时间。但我的运气看来不是足够好，最终还是遇上了意外。

那次，我带着雷克斯溜达到一座小山上，我一眼就看到那个骑马的警察朝这边走了过来，但雷克斯当然不懂'见机行事'，它在我前面，蹦蹦跳跳地直往警察那边跑去。

我知道事情坏了，所以不等那警察开口，干脆自己先开口说话。我说："警官，我愿意接受你的处罚，因为你上次讲过，在这座公园里，狗嘴上不戴口笼，是触犯法律规定的。"

那警察听了我的话后，用一种柔和的口气说："呵呵！其实在没有人的时候，带着一只狗来公园里走走，是蛮有意思的！"

我苦笑了一下，说："是的，蛮有意思的……唉，但是我已经触犯了法律。"

那警察反替我辩护，说："像这样一只小小的哈巴狗，不可能会伤害人的。"

我却显得很认真地说："可是，它可能会伤害了松鼠！"

那警察对我说："哈，那是你把事情看得太严重了……我告诉你怎么办，你只要让那头小狗跑过山，别让我看到，这件事也就算了。"

这个警察和大部分人一样，只是需要得到一种自重感。而当我自己承认错误时，他唯一能滋长自重感的方法，就是采取一种宽大的态度，显示出他的仁慈。假设那时我跟那个警察争论，那得到的效果，会跟现在完全相反。

而我选择了不跟他辩论，我承认他是完全对的，而我是绝对错误的方法。我坦诚地承认我的错误，我替他说了他想要说的话，而他自然地转到替我分辩的立场上，事情也就圆满地结束了。同一个警察，上次用法律来吓唬我，而这次却宽恕了我；上一次是个强硬的人，这一次却变成了个仁慈的人。

假如我们知道某件事自己一定要受到责罚，那我们何不先责备自己？找出自己的缺点，是不是比听别人嘴中说出的批评要好受得多？

如果你在别人责备你之前，找个机会承认自己的错误，对方想要说的话，你已替他说了，他就没有话可说了，那你十有八九会获得他的谅解——正像那骑马的警察，对我和雷克斯一样。

薇洛是一位商业美术家，在替广告商或出版商绘画时，总能简明准确地完成客户的要求，因此，她在业界的口碑不错。让薇洛苦恼的是，她时常会遇到些美术编辑，要求立刻替他们完成某部作品。虽然薇洛会尽力满足客户的需要，但是在这种情形下，很难避免细节不够完美的情况产生。

有位客户，最喜欢为薇洛的作品找错，并且，由于他不是太懂美术知识，提出的意见往往不恰当。导致的结果是，薇洛常常会很不高兴地离开他的办公室。

最近，薇洛交去一件在匆忙中完成的作品，不久后，薇洛接到这位客户的电话，要她马上去他办公室。

果然不出所料，看到这位客户怒气冲冲的样子，薇洛想，看来一顿狠狠的批评是避免不了了……就在这时，薇洛突然想到了自己在培训班学到的"自己责备自己"的方法，她决定试一试，所以她没等客户张口，自己立刻说："先生，我知道你会不高兴，那是因为我犯了无可宽恕的疏忽。说真的，我替你绘了这么多年的画，应该知道如何画才对，我感到非常惭愧！"

那位美术主任听薇洛这样讲，似乎有点出乎意料，他不自觉地替薇洛分辩说："是的……话虽然如此，不过结果还不算太坏，只是……"

薇洛没等客户说完，就接着话茬说："是的，不管是大问题还是小毛病，作品总会受到影响，让看到这幅作品的人心生厌恶……"

薇洛不想让客户知道这是她有生以来第一次批评自己，于是继续滔滔不绝地痛斥自己："我原本应该多加小心才对，先生，你平时照顾了我不少生意，我认为你应该得到你所满意的东西……这幅画我带回去，重新再画一张吧！"

薇洛原本只是想少听一顿批评而已，没想到这位客户摇摇头说："不，不是……其实，我没有让你有更多的麻烦的想法……"他开始称赞薇洛的敬业精神，很诚恳地对她说，他觉得只要在一个小地方稍稍修改一下就行。他还指出，这一点小错误，无妨大局，对公司的利益也不会有什么损失。

看来，客户的怒气全消了。他不但热情地邀请薇洛共进午餐，席间，他还签了一张支票给薇洛，委托她进行另外一件大项目。

不明智的人，总会想方设法替自己辩护，而做一个能承认自己错误的人，却可让自己出类拔萃，并且给人一种高尚的感觉。

若是我们对了，我们总是会千方百计地让别人赞同我们的观点。那当我们错误的时候，为什么不快速、坦诚地承认我们的错误呢？运用这种主动批评，以退为进的方法，不但能获得惊人的效果，而且比替自己辩护更为省事。

全世界都是坑，愤怒只会带你走进最糟的那个

> 人愤怒的那一个瞬间，智商是零。

　　有人说，人的一切痛苦，本质上都是对自己无能的愤怒。这句话自有其道理，研究结果表明，人愤怒的那一个瞬间，智商是零，过一分钟后才能恢复正常——在这一分钟内，足够让你做出毁掉一切的事了。女人的优雅，关键在于控制自己的情绪，以牙还牙是最愚蠢的一种行为。这个世界处处是坑，如果只用愤怒引领自己，势必只会掉进最糟糕的那个。

　　许多年以前的一个晚上，我在黄石国家公园旅行，和一群兴奋的游客一起，听一位骑在马上的森林管理员给我们讲熊的故事。

　　森林管理员说："我们这个公园里有一种很厉害的大灰熊，可以打败倒除了水牛和另一种大黑熊之外的所有动物。但是有一天晚上，我却发现一只小动物——真的只有一只——能够让大灰熊和它一起共进晚餐，那就是臭鼬。大灰熊当然知道自己的大巴掌一下就可以把这只臭鼬打昏，可是它为什么不那样做呢？因为

它的经验告诉它，那样做很不划算。"

我也懂得这个道理。我小时候，曾在密苏里的农庄上抓过四只脚的臭鼬；长大后，在纽约街头也经常碰到一些臭鼬类型的两条腿的人。从一次又一次的不幸经验中，我终于明白，无论招惹哪一种臭鼬，都是不划算的。臭鼬对你撒一次尿，简直可以熏死半个森林的动物。

我们没必要和一只臭鼬比赛撒尿，因为在我们憎恨敌人的时候，相当于给了他们战胜我们的力量。这种力量影响了我们的睡眠、食欲、血压、健康和快乐。《生活》杂志说："经常发怒的话，高血压和心脏病就会伴随着你。"愤怒之心还能摧毁我们的胃口，有句话说："宁愿快快乐乐地吃菜，也不怒气冲冲地吃肉。"

如果我们的仇人知道自己是如何让我们愤怒或烦恼的话，他们一定会拍手称快的。而我们的愤怒对他们产生不了实质上的任何伤害，只会让我们自己的生活如坠地狱。

遇到让你愤怒的人或者一件不痛快的事，一笑置之，才是保护自己的方式，因为当你想要跟他扯平的时候，你对自己的损害，远远要多于对方对你的损害。

"如果自私的人想占你的便宜，不要理会他们，更不要试图报复，你会得不偿失的。"你猜这话是谁说的？听起来像是伟大的和平主义者的演讲，其实不然，这是威斯康星州密尔沃基警察局通告中的一段话。

报复心真能伤害我们吗？是的，伤害的情况可严重了。《生活》杂志的一篇文章中说，报复会损伤人的健康：容易让高血压患者产生愤慨，长期愤怒，还会得高血压和心脏病。

现在你应该懂得了，《圣经》上所说的"爱你的仇人"，不仅仅是一种道德上的训诫，还符合现代医学原理。当耶稣说"原谅七十个七次"的时候，他实际上是在告诉我们如何避免高血压、心脏病、胃溃疡和其他各种疾病。

一个朋友心脏病突发的时候，医生命令他躺在床上，并告诫他无论发生什么事都不能动气。因为懂得一点儿医学知识的人都知道，心脏衰弱的人，发脾气可能会送命。几年前，在华盛顿州的斯波坎城，就曾经有一名饭店老板被活活气死了。

华盛顿州斯波坎城警察局局长杰理·司华特对我讲过这件事的经过：68岁的威廉·坎贝尔开了一家小餐馆，因为看到厨子用茶碟喝咖啡而非常生气，他抓起一把左轮枪去追那个厨子，结果因为心脏病发作倒地而亡，死时手里还紧紧抓着那把枪。法医的报告显示，他是因为愤怒引起心脏病发作而导致的死亡。

我们经常可以看到一些女人，她们的脸上常常因为过多的怨恨而满是皱纹，因为悔恨而面部扭曲，表情僵硬。无论什么样的美容，都比不上让她们的心中充满宽容、温柔和爱更为美丽。

很难想象一个爱发怒的女人，会有一个健康的身心；一个常常悲伤的女人，会有人愿意常常待在她身边；一个爱嫉妒的女人，会有快乐的生活；一个自怨自怜的女人，会让人觉得可爱……如何排遣这些情绪？如何将打破生活宁静的心魔赶走？

大仲马曾经说过一句话："人生是一串无数的小烦恼组成的念珠，乐观的人总是笑着数完这串念珠。"

生活中，不论在什么样的处境下，不论面对怎么样的心魔，关键是我们以什么样的心态来应对。哪怕我们无法爱我们的仇人，但至少应该学会爱我们自己，使仇人无法控制我们的快乐、健康和容貌。正如莎士比亚所说的："不要因你的敌人而燃起一把怒火，最终却烧伤了你自己。"

一件事产生的愤怒，往往源自于我们某种意义上的无能。因为我们没办法掌控事件，无力扭转某个局面，因此我们才会陷入愤怒的情绪中。换种说法可以说：愤怒即无能。事实上发怒的时候，往往会同时失去解决问题的可能，造成无能的恶性循环。

乔治·罗纳曾是奥地利维也纳的一名资深律师，二战爆发后，他逃到瑞典中部的城市乌普萨拉，一文不名的他急切需要找一份工作来养活自己。乔治对自己找工作这件事还是很有自信的，他做过律师，经验丰富，而且会说多国语言，他想，自己在贸易公司找份文秘的工作还是毫无问题的。

但事与愿违，绝大多数公司都回信给他说，因为正在打仗，时局动荡不安，生意不好做，他们暂时不想多招人，不过他们会把他的名字存在档案里，以后有机会……就像老天觉得给乔治的打击还不够似的，拒绝信中有一封特别刻薄："你完全不了解我们的生意，给我的公司写信求职，只会显得你又蠢又笨。还有，我根本不需要什么替我写信的秘书，即使需要，也不会请你这样一个连瑞典文也写不好，错字连篇的人。"

当乔治·罗纳看到这封信时，气得差点发疯。这个没礼貌的瑞典人竟然说他不懂瑞典文，字里行间错误百出！乔治·罗纳马上写了一封措辞激烈，尖酸刻薄的回信。但他随即冷静下来对自己说："等等！我怎么知道这个人说得对不对呢？我虽然学习过瑞典文，可毕竟不像我的母语那么娴熟，也许我真的犯了许多文法错误。真是这样的话，想要得到一份工作，我必须还得不断努力学习……或许这个人是在帮助我，他的话虽然难听，却可能是真相呢！'忠言逆耳利于行'，因此，我应该写封信感谢他才对。"

于是，乔治撕掉了自己刚刚写好的火药味十足的回信，重新铺开信纸写了一封感谢信："先生，你在百忙之中还不厌其烦地回信给我，尤其是在您并不需要秘书的情况下，我实在感激不尽。我对自己将贵公司的业务弄错一事表示抱歉，之所以还唐突地给您回信，是因为听别人介绍说您是这个行业的资深人士，所以我更要感谢您的指点。我的信上有很多文法上的错误，而自己却没有意识到，这让我感到十分惭愧。今后我计划加倍努力去学瑞典文，让自己的文法趋于完善，最后，谢谢您帮助我不断地进步。"

不久，乔治·罗纳收到了那个人的回信，结局很完美，他的诚恳让自己在混乱的时局中得到了一份工作。从这件事里，乔治·罗纳发现了一个道理，那就是"温和的回答能消除对方的怒气"。

如果你是一位容易愤怒的女士，我想问的是，你的愤怒能改变世界吗？有什么风景就看什么风景，不要用情绪给自己带来更多的麻烦。爱我们的仇敌，或是善待对自己无礼的人，不是懦弱，而是另一种大度和智慧。

如何从这本书里获得最大效益

华尔街一家声名卓著的大银行里的一位经理，有一次在我的讲习班中，说到了一项改进自己的极为有效的办法。这位银行经理，只在学校受过短期的正式教育，可现在他是一位在国内很受重视的理财家。他认为自己之所以有今天的成就，主要得益于自己的一套方法。我记得他当时对我说：

这些年来，我有一本记录簿，记着与客户的会面时间。我家里人从来不替我在星期六安排活动；原因是他们知道我要在星期六晚上进行自我检讨和总结。到了那一天，晚饭后，我独自待在一间房里翻看我的记录簿，回忆这一个星期来的会谈、讨论和各项活动。我问自己：

"那一次会谈，我做错了些什么？"

"怎么做才是对的？怎样做才能改进自己？"

"从那次事件中，我得到了什么教训？"

这样的反省会使自己感到很不愉快，可同时也会提醒自己不要犯相同的错误。就这样，过了几年后，一些错误渐渐减少，终于不再发生了。这种自我分析、自我教育的方法坚持下来后，我觉得大有裨益。这种方法，已帮助我改进了决断力，并增强了交际能力。

亲爱的读者，为什么不用这位银行经理的方法，检查自己对本书中的原则的实行程度呢？如果这样做，你会发觉自己在学习一项有趣而又宝贵的课程，并且会发现你的能力在逐渐增强。

为了使你从这本书中获得更多的益处，我建议你：

一、养成一种深入的、前瞻性的人际关系的原则习惯，并能运用自如。

二、当你要看下一章前，先把上一章仔细地看两次。

三、当你阅读的时候，要常停下来自问，你如何才能实行这本书中的每一项建议。

四、在重要的文句旁边，加上一些符号。

五、定期温习这本书。

六、一有机会，就实施这些原则，把这本书视作为行动指南，可以帮助你解决日常遇到的问题。

七、每当你的朋友指出你违反了自己定下的某项原则时，给他一份奖励，把你的学习当做一种有趣的游戏。

八、每星期作一次检查。问自己又犯了什么错误，有哪些地方需要改进，将来该怎么做。

九、不妨再加上一本记事本，写明你什么时候、如何地运用了这些原则。

戴尔·卡耐基

Dale Carnegie

《做内心强大的女人》

因为内心强大，所以无所畏惧。

〔美〕戴尔·卡耐基◎著

因为内心强大，所以无所畏惧。

最走心的女性幸福必读经典。

全世界最有魅力的女人都在看。

戴尔·卡耐基写给女人的世界级心理励志书。

打开一扇重新认识自己和他人的窗户。

教会我们如何激发自身的潜能，引爆内在的强大力量。

《做个有本事任性的女人》

不管生得漂不漂亮，都要活得漂亮，
这就是女人的任性宣言。

〔美〕戴尔·卡耐基◎著

不管生得漂不漂亮，都要活得漂亮，这就是女人的任性宣言。

有本事任性的女人，离开谁都能精彩过一生。

二十世纪影响力最大的励志经典。

有本事任性，成就你的女王法则。

已经改变四亿人的人生，下一个改变的，会不会是你？

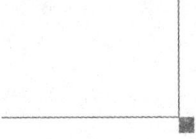